홍차언니!
홍차를 부탁해 1

홍차의 정석 : 인도편

홍차언니!

홍차를 부탁해 1

홍차의 정석 : 인도편

지은이 **홍차언니 (이주현)**

감수 **정승호**

한국티소믈리에연구원

저자의 글

오늘날 전 세계적으로 건강, 웰니스 트렌드의 열풍으로 인해 세계 티 시장이 성장하고 있는 가운데 세계 홍차 소비 1위인 인도에서도 티 소비 및 수출 시장이 급속히 성장하고 있습니다.

최근 세계적인 시장 조사 기관인 커스텀마켓인사이트Custommarketinginsight에서는 인도의 티 시장이 2024년부터 2033년까지 향후 10년간 연평균 성장률CAGR 4.19%로 성장할 것으로 내다보고 있습니다.

그 성장 요인으로는 최근 전 세계적으로 자리를 잡은 트렌드인 건강에 대한 인식의 증가로 티 음료의 건강 효능이 부각되면서 세계적으로 티의 수요가 증가해 인도의 티 수출 기회도 확대된 데 따른 것으로 분석하고 있습니다. 쉽게 말해 인도의 다르질링Darjeeling, 아삼Assam, 닐기리Nilgiri에서 산출된 다양한 종류의 오거닉 티Organic Tea, 스페셜티 티Specialty Tea가 세계 티 수요의 증가 추세에 편승하였다는 것입니다.

또한 인도 티 보드Tea Board of India에서는 최근 편리하면서도 다양한 품목에 접근성이 훌륭한 E-커머스 플랫폼Commerce Platform들이 증가하여 인도 아대륙의 광범위한 소비자들에게서 점차 사용이 확산한 결과, 온라인 티 소매 시장이 지속적으로 성장하고 있다고 밝혔습니다.

이러한 가운데 한국티소믈리에연구원에서는 현재 건강 트렌드와 함께 세계적인 열풍을 끌고 있는 인도 홍차의 산지에서 찻잔까지 이야기를 담은 『홍차언니! 홍차를 부탁해 1_홍차의 정석 : 인도편』을 출간합니다.

이 책에서는 홍차의 기초적인 내용을 충실히 소개하면서 홍차의 탄생 역사, 홍차가 서양에 전파되면서 등장한 다양한 홍차 문화, 6대 분류의 티 중 홍차만의 고유한 제다 과정과 특성, 홍차의 블렌딩, 홍차를 우리는 방법과 맛있게 먹는 방법 등을 이야기합니다.

또한 인도에서 홍차가 시작된 역사에서부터 대표적인 홍차 산지인 다르질링Darjeeling, 아삼Assam, 닐기리Nilgiri, 시킴Sikkim 지역의 유명 다원들을 탄생 에피소드와 함께 재밌게 소개합니다.

다르질링에서는 테루아를 기준으로 나눈 7개 지역의 47개 다원, 아삼 지역에서는 17개 다원, 닐기리 지역에서는 15개 다원, 시킴 지역에서는 2개 다원을 포함해 총 81개 다원에 대한 개략적인 내용과 함께 각 다원에서 생산되는 독특한 품질의 홍차에 대하여 이야기합니다.

이 책은 세계적으로 유명한 인도 홍차를 처음 접한 분들이거나 다르질링, 아삼, 닐기리에서 생산되는 다양한 종류의 스페셜티 홍차와 그 산지인 다원에 관해 깊은 관심을 가진 분들을 위한 훌륭한 길라잡이가 될 것으로 기대합니다.

홍차언니 (이주현)

티 전문 유튜브 크리에이터

한국티소믈리에연구원 대외협력실장

코리아티챔피언십 심사위원장

티 전문 도서 저자

     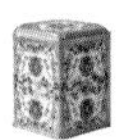  

Contents

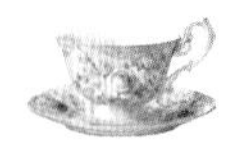

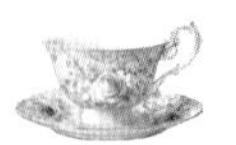

PART 1

홍차의 시작

 1. 홍차의 기원

 '소종홍차 (小種紅茶)'

홍차 (紅茶)는 17세기 **중국 복건성** (福建省)의 **정산** (正山), 즉 **무이산** (武夷山) **일대에서 유래되었다.** 당시 녹차 (綠茶)와 백차 (白茶)의 제다 과정에서 진화한 것이다.
즉 홍차는 1610년경 (1650년경이라는 설도 있다) 복건성 무이산 남쪽 기슭의 성촌진 (星村鎭)과 강서성 (江西省)의 경계 지역으로서 해발고도 약 1000m인 **동목관산** (桐木關山)에서 처음 생산되었다.

찻잎이 작은 소종 (小種) 품종으로 홍차를 생산하였고, 그 뒤 성촌진이 '소종홍차 (小種紅茶)'의 유통 중심지가 되었다. 당시 **복건성**은 '**민** (閩)'으로 불리고 있어 이 티의 이름은 '**민홍** (閩紅)'이라고 불리게 되었는데, 이것이 바로 **홍차의 기원으로 알려져 있다.**

정산소종 = 랍상소총의 탄생지, 무이산(武夷山) 일대의 동목관산(桐木關山)

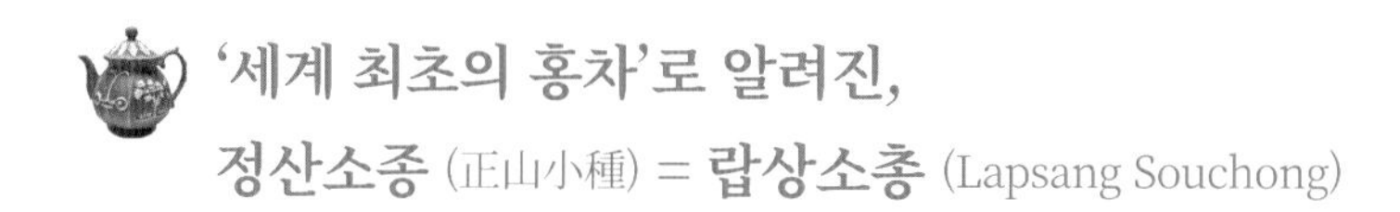

'세계 최초의 홍차'로 알려진, 정산소종 (正山小種) = 랍상소총 (Lapsang Souchong)

정산소종 = 랍상소총의 탄생과 관련해서는 크게 두 가지의 설이 있다. 여기서는 시대가 앞선 내용부터 먼저 소개한다.

1639년경 어느 날 한 제다 (製茶) 장인이 복건성 정산 (正山) 일대에서 제다 과정을 감독하고 있었다. 소종 찻잎을 낮에 햇볕에 말리는 위조 (萎凋) 과정인 쇄청 (晒青)을 거친 뒤, 다시 유념 (揉捻), 산화 (酸化) 과정을 진행하였는데 밤늦게야 완료하였다. **밤에 기온이 떨어지자 찻잎을 대나무 바구니에 넣고 삼베로 덮은 뒤 불 근처에 놓아 온도를 높여 주었다. 이를 '홍청 (烘青)'이라고 한다.**

6~8시간 정도 지나 풋내가 제거되고 청향 (清香)이 나기 시작하면서 찻잎이 홍갈색으로 변하였다. 그 뒤 소나무를 땔감으로 태워 그 연기로 훈제하는 '홍건 (烘乾)' **과정을 거쳤는데, 이때 찻잎에서 소나무의 송진향 (松津香)이 나기 시작한 것이다.** 이 소종 홍차가 바로 오늘날 **세계 최초의 홍차**로 서양에 알려진 '**정산소종 = 랍상소총**'이다.

또 다른 설은 앞의 이야기보다 시대가 한참 뒤늦은 것으로서 **19세기 청나라 말기인 도광연간 (道光年間, 1821~1850)에 복건성 무이산 일대인 숭안현 (崇安縣)을 군대가 점령하는 과정에서 우연히 홍차가 탄생하였다는 것이다.**

군대가 차 농장을 점령하여 차의 가공 과정이 늦어지면서 찻잎이 과도하게 산화되어 검은색을 띠고 독특한 향을 풍기기 시작하는 것을 농장주가 보고 **국내에서는 상품 가치가 없어 판매하지 않고 외국 상인들에게 판매하였는데,** 이것이 뜻밖에도 유럽에서 큰 유행을 일으킨 것이다.

이로 인해 **정산소종 = 랍상소총**이 '**세계 최초의 홍차**'로 알려지게 되었다.

복건성 무이산(武夷山) 야생 차밭

무이산(武夷山) 기슭에 있는 정산소종의 산지,
정산차업공사(正山茶業公司) 표석

대홍포 모수 앞 저자 홍차언니(왼편), 동목촌(桐木村)을 방문한 홍차언니의 모습(중앙),
동목촌의 입구(오른쪽)

서양에서 정산소종을 '랍상소총'이라 부른 이유?!

17세기 서양인들이 중국 티를 처음 수입할 당시에 무역 상인들은 복건성 복주 (福州)의 '**무이산** (武夷山)**' 지역에서 생산되는 티들을 '보히 티**Bohea Tea**'라고 불렀다.** '우이Wuyi'라는 발음이 '보히Bohea'로 서양인들에게 비슷하게 들려 와전된 것이다.

그중 정산소종은 소나무를 태워 연기로 찻잎을 훈제해 송진과 그을음 향이 나서 '스모키 티 Smokey Tea**'라고 불렀다.** 그 뒤 무역 상인들이 이 독특한 향미의 티를 묘사하기 위하여 즉, **냄새의 기원인 소나무, 즉** 송수 (松树)의 지방 방언 발음인 **'랍상**Lapsang**'**과 찻잎의 크기가 작은 품종인 소종 (小種)의 발음, 즉 **'소총**Souchong**'**을 결합하여 **랍상소총**이라 부르게 되었다.

칼럼

서양에서 홍차를 '블랙 티 (Black Tea)'로 부르는 이유!

중국에서는 우린 찻빛을 기준으로 차의 종류를 분류한다. 따라서 홍차는 기본적으로 우린 찻빛이 붉다. **그런데 서양에서는 오늘날 홍차** (紅茶)**를 '블랙 티**Black Tea**'라고 부른다.**
그 이유는 정산소종 (正山小種) = **랍상소총**Lapsang Souchong**에서 유래되었다.**
19세기 유럽에 정산소종 = 랍상소총이 처음 전해지는 시기에는 녹차 Green Tea**, 홍차**Black Tea **의 구분이 없었다.**
그런데 당시 기존의 녹차와 달리 정산소종 = 랍상소총은 찻잎이 검은색을 띠고 있었는데, 이를 보고 유럽인들이 **'찻잎의 색상이 검다'**고 하여 오늘날의 **'블랙 티**Black Tea**'라고 부르게** 된 것이다.

정산소종 = 랍상소총의 건조 찻잎과 우린 모습

2. 홍차의 인문학

티가 서양에 소개되다!

유럽에 티 Tea**가 소개된 역사는 13세기로까지 거슬러 올라간다.**

1271년부터 약 20여 년 동안 **실크로드**Silk Road를 따라 아시아를 탐험하였던 베네치아의 상인 **마르코 폴로**Marco Polo, 1254~1324는 그의 저서 『**동방견문록**The Travels of Marco Polo』에서 중국(당시 원나라)에 머물면서 겪었던 일을 소개하고 티와 관련된 일도 간접적으로 이야기하고 있다. 그 내용은 당시 재무장관이 티 세금Tea Tax을 왕의 허가 없이 임의로 인상하였던 이유로 해임을 당하였다는 이야기이다.

16세기 대항해 시대에는 **베네치아의 탐험가이자 정치가인 조반니 바티스타 라무지오**Giovanni Battista Ramusio, 1485~1557**가 유럽인으로는 최초로 중국의 티에 관하여 상세히 소개하였다.** 그의 사후 2년 뒤에 출간된 저서 『**항해와 여행**Delle Navigatione et Viaggi』에는 **페르시아**

상인으로부터 전해 들은 이야기를 기록하고 있는데, 공복에 차이 카타이Chai Catai, 즉 티 한 두 잔을 마시면 열, 두통, 복통, 관절통을 완화할 수 있다는 내용과 함께 중국과 일본에서 티를 마시는 문화적인 차이도 소개한 것이다.

이같이 16세기 서양인들은 티의 존재에 대하여 여행기나 상인의 이야기를 통해 간접적으로 이미 알고 있었다.
1560년에는 포르투갈인 야스퍼 데 크루스Jasper de Cruz가 유럽인으로서는 최초로 티를 직접 접하고 포르투갈로 보내는 그의 편지에 기록으로 남기기도 하였지만, 포르투갈에서는 티에 큰 관심을 보이지 않았다.
그런데 이탈리아의 예수회 선교사인 마테오 리치Matteo Ricci, 1552~1610가 오랫동안 중국 북경에 체류하면서 중국인들이 일상 속에서 티를 마시는 생활 습관에 대하여 상세한 기록을 남긴다. 이후 유럽은 티에 대한 관심이 점차 증가한 것이다.

『동방견문록』의 저자, 베네치아의 상인 마르코 폴로
(Marco Polo, 1254~1324)

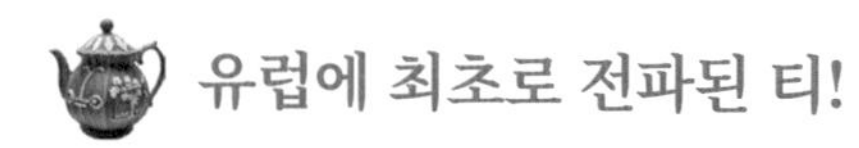

1602년에 설립된 네덜란드 동인도회사The Dutch East India Company가 1610년경 일본 히라도(平戶) 항구를 통해, 중국에서는 마카오 반도, 복건성 복주(福州) 등의 항구를 통해서 티를 구입하여, 인도네시아 자바를 거쳐 해상 무역로를 통해 네덜란드로 처음으로 운송하였다. 이것이 티가 유럽에 처음으로 전파된 것이다.

당시 동인도 회사는 일본에서는 녹차를 수입하였고, 복건성에서는 홍차의 기원인 보히티Bohea Tea를 수입한 것이다.

이때 보히티는 완전 산화차인 홍차가 아니라 부분 산화차인 청차(우롱차)였을 것이라는 설도 있다.

네덜란드에서는 당시 티를 약으로 판매하였고, 가격이 너무도 비싸 오직 상류층에서만 구할 수 있었다.

네덜란드의 동인도회사는 티 무역을 점차 독점하면서 인접한 나라의 왕실에도 소개하게 된다.

프랑스에는 1635년 티가 처음 유입되었고, 그 뒤 태양왕 루이 14세Louis XIV, 1638~1713가 통풍을 치료하기 위하여 티를 약으로 마시면서 프랑스 상류층에서는 티의 인기가 점차 높아져만 갔다.

1638년 대륙의 러시아에는 중국이 아니라 몽골로부터 티가 최초로 유입되었다. 러시아 외교 사신들이 몽골 부족의 왕에게 모피를 선물로 준 답례로 여러 상자의 티를 받았는데 당시 사신들이 티의 진가를 알지 못하여 받기를 거절하였지만, 몽골인의 설득 끝에 겨우 러시아 로마노프 왕조Romanov Dynasty의 차르 알렉시스Tsar Alexis, 1629~1676에게 전달되면서 처음으로 유입되었다고 전해진다. 이후 러시아에서는 사모바르Samovar를 이용한 독특한 티 문화가 탄생하고, 표트르 대제Pyotr, 1672~1725 시대부터 본격적인 티 문화가 시작된다.

칼럼

무역 경로에 따라 달리 불린, '티 (Tea)'와 '차 (Cha)'

티 로드를 통해 중국에서 서양으로 티를 전하였던 카라반

 # 오늘날 전 세계에서 티 음료는 크게 '티 Tea**'와** '차Cha' **계통의 발음으로 불리고 있다. 일단 티 계열은 티**Tea, **테**The, **티**Tee 등으로, **차 계열은 차**Cha, **차이**Cay, **차이**Chai **등으로 불리고 있다.**

이러한 차이점은 각 나라가 중국과의 무역을 통해 티를 수입한 경로에 따라서 생긴 것이다. 카라반 Caravan**이 중국 내륙에서 육로를 통해 무역을 진행한 나라에서는 대부분** '차Cha' **계통으로 발음하여 부른다.**

예를 들면, **러시아에서는 카라반이 중국 북부에서 무역을 진행하였기 때문에** 현지어인 차(茶)[cha]의 영향을 받아 **'차**Tscha'라고 한다.

 # 반면 중국 남부 복건성의 항구 도시인 하문 (厦門, Amoy) **등의 항구에서 해상 무역을 통해 티를 수입한 나라에서는 현지 방언인 '테**The**'의 영향을 받아 '티**Tea' **계통으로 부른다.**

예를 들면, 17세기 초 네덜란드가 복건성 항구 도시로부터 수입한 티들이 전해진 유럽 대륙과 영국에서는 '티Tea' 계통으로 부르는 것이다.
단 포르투갈은 예외적이다. 포르투갈이 해상 무역을 통해 티를 수입한 곳은 복건성의 항구 도시가 아니라 마카오(澳門)였기 때문에 복건성 방언의 영향을 받지 않아 '샤Cha'라고 부르는 것이다.

 브리티시 스타일 홍차의 탄생지, 영국에 티가 전파되다!

대륙과 동떨어진 도서국가인 영국은 유럽에서 티 문화의 전파가 가장 늦었다.

17세기 영국은 커피가 먼저 유입되어 큰 인기를 끌고 있었고, 1650년경부터는 커피하우스Coffee House가 생기면서 사람들의 사교 활동이 활발해졌다.
그러던 중 1657년 상인이었던 토머스 개러웨이Thomas Garway가 런던의 익스체인지 앨리Exchange Alley에서 그의 이름을 딴 커피하우스인 개러웨이스Garraway's를 열고 티와 잎차를 '만병통치약'으로 광고하여 일반인들에게도 티가 널리 알려지게 된다.
광고는 과장된 측면이 많았지만, 건강 효능이 좋다는 인식이 널리 확산되면서 영국에서도 티는 약으로 소개가 된다.
물론 가격이 매우 비싸 일반인들이 즐기기는 어려웠다.

그러던 중 1662년 영국 왕실에도 티 문화가 유입된다.
포르투갈 귀족 브라간자Braganza 가문의 캐서린Catherine of Braganza, 1638~1705이 영국의 국왕 찰스 2세Charles II, 1630~1685와 결혼한다.
이 일은 장차 '브리티시 스타일 홍차British Style Black Tea' 시대의 서막을 올리는 일이 된다.

1874년에 재건축한 영국 최초의 커피하우스인 개러웨이스(Garraway's Coffee House)

 캐서린 오브 브라간자 여왕이 문을 연 '브리시티 스타일 홍차'의 시대

캐서린 오브 브라간자 여왕은 결혼할 당시에 영국 왕실에 혼수품을 가져오는데, 티를 포함하여 인도의 봄베이Bombay (현 뭄바이), 모로코의 탕헤르Tánger, 브라질과 서인도제도에 대한 자유 무역권이었다. 이로 인해 **영국은 동양 티 무역의 길이 열렸고, 장차 세계를 휩쓸 '브리티시 스타일 홍차 시대'의 문이 열린 것이다.**

캐서린 오브 브라간자 여왕은 영국 왕실에 티 문화를 처음으로 소개하며, 귀족 부인들을 자신의 티룸에 초대하여 티타임을 즐긴다.

이로부터 영국의 상류층에서는 티 문화가 점차 확산하였고, 캐서린 오브 브라간자 **여왕**은 '더 퍼스트 티 드링킹 퀸The First Tea Drinking Queen'**으로 불리게 된다.**

한편 **영국의 동인도 회사**The East India Company, 1600~1874**는 이때부터 인도 무역의 중요 거점을 확보하고, 1664년부터 인도네시아에서 녹차를 구입하여 인도 봄베이** (현 뭄바이)**를 거쳐 영국 왕실에 처음으로 티를 공급하였다.**

영국의 해상 루트를 통한 동양 티 무역 시대**가 열린 것이다.**

캐서린 오브 브라간자
(Catherine of Braganza, 1638~1705)

칼럼

영국에서 녹차보다 홍차가 확산한 이유?!

영국에서는 캐서린 오브 브라간자 여왕으로 인해 왕실에 티 문화가 전파되고, 동인도 회사가 동양의 무역로를 열면서 티 문화가 일반인들에게도 확산되었다.

17세기 후반 일반인들도 티를 마실 수 있는 커피하우스는 런던 시내에 약 3000곳이 들어섰을 정도인데, 당시에는 녹차가 홍차보다 수입량이 월등히 많았다. 수입된 **녹차**(비산화차)는 '싱귤러Singular', **홍차**(산화차)는 **'보히티**Bohea Tea'라고 불리었는데, **영국 사람들은 보히티를**

선호하게 된다.

 # 보히티를 선호하게 된 이유는 영국 (잉글랜드)은 지질이 칼슘, 마그네슘이 많이 함유된 백악층이 다수를 차지하고 있어 수질이 **연수**Soft Water가 아니라 **경수**Hard Water이다.

녹차는 연수로 우려야 본래의 맛과 향, 맑은 찻빛이 살아나는 특성이 있다. 경수로 우리면 **떫은맛 성분인 카테킨이** 탄산칼슘 성분과 결합하면서 침전물이 생겨 **맑은 찻빛이 탁해지고 녹차 본연의 맛과 향도 약해진다.**

반면 **홍차는 탄산칼슘 성분과 결합하여 침전물을 형성하는 떫은맛 성분인 카테킨이 산화 과정을 통해 이미 다른 성분으로 변하게 된다.**

따라서 홍차를 경수로 우리면 떫은맛이 적고, 홍차 본연의 붉은 수색이 더욱 진해진다.

이러한 이유로 **영국 사람들은 녹차가 아니라 홍차에 우유를 넣어 아름다운 크림 브라운** Cream Brown **색상의 밀크 티를 즐겨 마시게 된다.**

영국인들을 사로잡은 크림 브라운 색상의 밀크티

19세기 빅토리아 여왕 시대에 탄생한 '애프터눈 티'

19세기 영국의 티 문화는 런던을 중심으로 확산되어, 일상생활 속에서 없어서는 안 될 문화양식으로 자리를 잡는다.
그리하여 1840년 티 문화의 큰 트렌드인 '애프터눈 티Afternoon Tea'가 탄생한다.
애프터눈 티의 발명자에 대한 여러 설이 있지만, 여기서는 **대영박물관**British Museum의 **애프터눈 티**에 관한 **공식 기록**에 따라서 소개한다.

영국의 새로운 전통문화이자, 브리티시 스타일 티 문화의 결정체인 '애프터눈 티Afternoon Tea'는 베드퍼드 7대 공작부인 애나 마리아Anna Maria Russell, 1783~1857에 의해 탄생한다.

당시 영국은 산업혁명으로 도시화가 이루어져 길거리나 가정마다 가스 조명이 설치되면서 늦게까지 일하는 생활문화가 생겨났다.
또한 식생활에도 변화가 일어났는데, 기존의 이른 아침과 약간 늦은 저녁을 먹던 습관이, **이른 점심과 매우 늦은 저녁의 식사 타임으로 바뀐 것이다.**
특히 저녁을 먹는 시간이 밤 8시에서 9시경으로 많이 늦춰졌다.

빅토리아 여왕의 시녀였던 베드퍼드 공작부인은 점심과 저녁 식사 사이인 늦은 오후 5시에 허기를 달래기 위해 티와 함께 빵, 버터, 케이크를 즐기게 된다.
이러한 티타임은 자신의 저택인 워번애비Woburn Abbey에 초대된 귀부인들에게도 접대되어 상류층에 급속도로 번지게 된다.

대영제국 및 아일랜드의 통치자인 빅토리아 여왕Queen Victoria, 1819~1901도 워번애비를 방문하여 티타임의 접대를 받고 장려하면서 늦은 오후에 홍차와 케이크, 비스킷을 먹는 애프터눈티 문화는 상류층을 비롯해 영국의 전통문화로 자리를 잡게 된다.

애프터눈 티를 최초로 탄생시킨 베드퍼드 공작부인 애나 마리아(왼쪽)와 빅토리아 여왕(오른쪽)

칼럼

서양에서는 '녹차나무'와 '홍차나무'가 있다고 믿었다?!

차나무의 정밀화

차나무

서양인들은 17~18세기에 티를 처음 접하였을 때, '녹차나무'와 '홍차나무'가 따로 있었다고 믿었다.

서양인들이 티를 처음 수입하였을 때 접한 녹차와 뒤이어 접한 보히티로 불리는 홍차의 특징이 너무도 달랐기 때문이다.

먼저 녹차와 홍차는 찻잎의 색상부터 녹색과 검은색으로 달랐고, 우린 찻빛도 연황색과 붉은색으로 달랐으며, 맛과 향도 완전히 달랐다.

따라서 녹차와 홍차는 서로 다른 나무의 잎으로 만든 것으로 믿었다.

실제로 18세기인 1762년 스웨덴의 유명 박물학자인 카를 폰 린네Carl von Linné, 1707~1778조차도 녹차를 산출하는 식물의 종을 '테아 비리디스*Thea viridis*', 홍차 (보히티)를 산출하는 식물의 종을 '테아 보헤아*Thea bohea*'로 잘못 구분하였을 정도이다.

19세기에 들어서야 스코틀랜드계 영국의 식물학자인 **로버트 포춘**Robert Fortune, 1812~1880이 **산업 스파이**로서 중국의 차나무와 가공 과정을 알게 되면서 녹차와 홍차가 동일한 식물 종에서 생산된다는 사실을 알게 된다.

한편 린네의 이러한 식물 분류에 대한 오류는 20세기 중반인 1959년에 이르러서야 바로잡혔다.

식물학자들이 오랜 논의한 끝에 비로소 하나의 식물 종인 카멜리아 시넨시스종*Camellia sinensis* (L.) O. Kuntze으로 명명한 것이다.

이는 서양에서 차나무가 자생하지 않아 사람들이 전혀 확인할 수 없었고, 또 가공 과정을 통해 티의 색(色), 향(香), 미(味)가 달라진다는 사실도 몰라서 벌어진 일이었다.

영·청의 아편전쟁으로 촉발된 인도 다원의 개척

19세기 빅토리아 여왕 시대에는 **티**의 소비가 **일상화**되면서 **중국으로부터 티의 수입도 막대한 양으로 늘어났다.**

당시는 중국의 청나라가 티 무역을 독점하고 있던 시기로서 영국은 해마다 중국과의 무역에서 적자의 폭이 커졌다.

급기야 **영국**에서는 **티 수입 대금**으로 중국 **청나라**에 지급하는 은의 유출량이 늘어나면서 국내에서는 은이 부족한 상황에 이르렀다. 그러한 가운데 **영국은** "식물에는 식물로"**라는 대응으로 값싼 인도산의 아편을 중국으로 밀수출하고 그 판매 대금으로 은을 다시 거두어 들였다.**

그 과정에서 마찰이 생기자 영국은 1840년 광동성에서 제1차 아편전쟁 The Opium War**, 1856년 제2차 아편전쟁을 일으켰다.**

한편, 마약 거래와 관련하여 국내외에서 비판의 여론이 일자, 영국 의회는 동시에 중국에 대한 티의 수입 의존도를 줄이기 위하여 다각적인 노력을 기울였다.

대표적인 예가 당시 식민지였던 인도에 다원을 설립하는 일이었다.

이를 위하여 스코틀랜드 식물학자이자 영국원예학회English Horticultural Society의 회원인 **로버트 포춘**Robert Fortune, 1812~1880**을 1843년, 1848년 두 차례에 걸쳐 식물 채집자**Plant Hunter**로서 중국의 차 농장에 급파하였다.**

이는 세계 경제사상 **'최초의 산업 스파이'**로 평가되고 있다.

영국은 중국의 티 수출 독점 구도를 깨뜨리고, 인도에 다원을 설립하기 위해서는 무엇보다도 차나무의 씨앗과 묘목이 필요했다.

로버트 포춘은 1843년 중국을 방문할 당시 현지어를 배우고, 머리카락을 청나라인들처럼 완전히 변발하고, 청나라 사람들의 복장 차림으로 여러 산지의 다원들을 2년 반 동안이나 돌아다니면서 수많은 차나무의 씨앗과 묘목을 중국 밖으로 밀반출하였다.

또한 **1848년에는 영국 동인도회사 직원으로서 중국에 파견되어 2만 그루 이상의 차나무 묘목과 차 장인들을 인도로 운송시켰다.**

이러한 로버트 포춘의 노력으로 **서양인들은 홍차와 녹차가 같은 종의 식물에서 생산되며, 찻잎의 가공 방식에 따라 녹차나 홍차가 된다는 사실을 알게 되었다.**

영국은 이러한 차나무의 씨앗과 묘목, 그리고 차 장인들을 동원하여 장차 브리티시 스타일British Style 홍차의 거대 산지가 될 인도 아대륙에 다원을 본격적으로 개척하기 시작하였다.

아울러 1823년 **인도 북동부의** 아삼Assam **지역에서 발견된 식물이 차나무로 확인되면서 인도뿐 아니라 실론의 홍차 산업도 크게 성장하게 된다.**

중국에서 차나무의 씨앗과 묘목을 밀반출한 세계 최초의 산업 스파이 로버트 포춘(Robert Fortune, 1812~1880)이 차(茶)의 비밀을 알기 위해 탐사하였던 복건성 무이산(武夷山) 일대(왼쪽)와 아삼 다원의 개척기 모습(오른쪽)

 커피 농장이 초토화되어 영국의 새로운 티 산지가 된 실론 다원

인도 아대륙 남쪽 섬나라인 실론 Ceylon**은 18세기 후반부터 20세기인 1948년까지 영국의 통치를 받는 식민지였다.**

실론은 예로부터 유럽과 아시아를 잇는 중요한 해상 요충지이자, **향신료**Spice **무역**에서도 매우 중요한 항로였다.

실론은 19세기 초 감자와 코코넛을 처음 재배하기 시작하였고, **1824년에 조지 버드**George Bird가 오늘날 감폴라Gampola, 시나피티야Sinnapitiya 지역에 **커피 농장을 처음으로 조성**하였다. 그 뒤 **실론에서는 1837년 고지대를 중심으로 커피가 대규모로 체계적으로 재배되면서 1840년부터 커피 산업이 크게 성장하였다.**

이러한 상황에서 **영국은 중국에 대한 티 수입 의존도를 줄이기 위하여 인도에 이어 실론에서도 차나무의 재배를 시도하였다.**

이를 위하여 당시 영국의 식민지였던 인도의 캘커타 식물원Calcutta Botanical Gardens 원장인 **너대니얼 왈리히**Nathaniel Wolff Wallich, 1786~1854 박사가 **1839년 실론의 페라데니야 식물원**Peradeniya Botanical Gardens에 **아삼에서 발견된 차나무***Camellia Sinensis* var. *assamica*의 **씨앗을 최초로 보낸 것이다.**

1841년에는 독일 출신의 재배자인 모리스Maurice, 가브리엘 보름스Gabriel Benedict de Worms 형제가 푸셀라와Pussellawa 지역의 '로스차일드 다원Rothschild Estate'과 람보다Ramboda 지역의 '라부켈리 다원*Labookellie Estate*'에서 **중국 품종의 차나무***Camellia Sinensis* var. *sinensis*의 **재배에 최초로 나섰다.**

그리고 중국인 티 가공 장인들의 도움을 받아 티를 최초로 생산하였지만 높은 생산비로 결국 포기하고야 말았다.

그런데 영국은 여기에서 멈추지 않았다.

1842년 또다시 페라데니야 식물원에 지시하여 아삼 차나무의 씨앗 샘플을 누와라 엘리야Nuwara Eliya 지역으로 보내도록 하여 차나무의 시험 재배에 나섰지만 큰 성과는 없었다.

그런데 실론 전역에 커피 마름병이 돌면서 커피 농장이 초토화되기 시작하였다. 이로 인해 당시 커피를 재배하던 농장들은 새로운 돌파구를 찾으면서 **티에 주목하였다.**

그러한 가운데 **1866년** 헤와헤타Hewaheta 지방의 **룰레콘데라 다원**Loolecondera Estate 부감독관이던 스코틀랜드 출신의 **제임스 테일러**James Taylor, 1835~1892가 농장 소유주의 지시로 **페라데니야 식물원으로부터 받은 아삼 차나무의 씨앗을 심었다.**

다음 해인 1867년에는 스리랑카 최초 다원인 '룰레콘데라 다원'이 탄생하였다.

당시 규모는 19에이커에 불과하였지만 실론 티 산업의 역사가 새롭게 시작된 것이다. **이때 룰레콘데라 다원의 첫 차나무 재배지는 오늘날 '필드**Field No. **7'으로 불린다.**

이후 제임스 테일러는 1872년 가공 공장을 설립하고 티를 생산해 캔디Kandy의 경매장에서 첫 판매에 성공하였다.

이듬해에는 약 10kg의 룰레콘데라 티를 런던 경매소에 보내 첫 판매에 성공한다.

영국이 비로소 인도, 실론의 산지에서 차나무의 재배에 동시에 성공함으로써 **중국의 티 독점 무역에서 벗어나 브리티시 스타일 홍차가 전 세계적으로 확산**하기에 이른다.

스리랑카 홍차의 아버지 제임스 테일러(James Taylor, 1835~1892)가
1867년 스리랑카 최초로 건립한 룰레콘데라 다원(Loolecondera Estate)을 방문한 저자 홍차언니

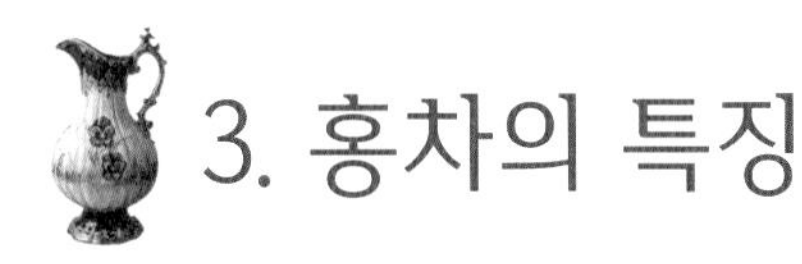

3. 홍차의 특징

티의 6대 분류

오늘날 티는 매우 다양한 종류로 판매되고 있다.

그리고 **티 음료들은 전 세계인들이 현재 물 다음으로 많이 마시고 있다.**

그러한 티들은 모두 하나의 식물 종에서 생산된다.

카멜리아 시넨시스종의 차나무에서 찻잎을 따서 가공 과정을 거쳐 생산하는 것이다.

이때 **가공 과정**에 따라서 티는 크게 **녹차** (綠茶, Green Tea), **백차** (白茶, White Tea), **황차** (黃茶, Yellow Tea), **청차** (靑茶, Blue Tea)/**우롱차** (烏龍茶, Oolong Tea), **홍차** (紅茶, Black Tea), **흑차** (黑茶, Dark Tea)/**보이차** (普洱茶, Pu-erh Tea)의 **6대 분류**로 나뉜다.

이러한 분류는 찻잎의 가공 과정에 따라 보이는 찻빛으로 정한 것이지만, 실은 맛과 향, 건강 효능에서도 매우 큰 차이가 있다.

여기서는 전 세계인들의 입맛을 사로잡고 있는 홍차의 가공 과정에 관하여 소개한다.

6대 다류의 건조 찻잎과 우린 찻물

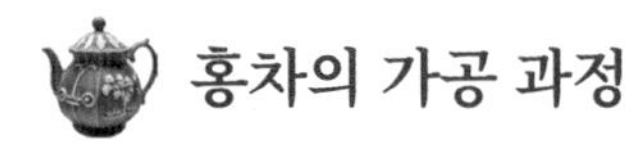

홍차의 가공 과정

6대 분류의 티들은 저마다 독특한 가공 과정을 거쳐 생산되는데, **홍차**의 가공 과정이 다른 티의 경우와 가장 큰 차이점이 있다면, **100% 완전 산화**를 거치는 점이다.

또한 홍차의 기본적인 과정은 지역마다 세부 과정이 다르고, **티의 품목마다 장인의 경험과 기술이 반영되기 때문에 같은 홍차라도 전혀 다른 향미를 내는 것이다.** 그러한 홍차지만 기본적인 가공 과정은 크게 다르지 않다.

여기서는 홍차의 탄생지 중국과 영국 브리시티 스타일 홍차의 산지인 인도, 실론 등 세계 여러 나라에서 채택하고 있는 기본적인 과정을 소개한다.

칼럼

소종홍차(小種紅茶)의 전통적인 가공 과정

오늘날 서양에 세계 최초의 홍차로 알려진 정산소종 = 랍상소총의 기원이 된 '소종홍차'의 전통적인 가공 과정은 다음과 같다.

중국 홍차의 가공 과정

중국에서는 17~18세기 소종 찻잎으로 홍차가 탄생한 뒤 복건성 (福建省), 안휘성 (安徽省), 운남성 (雲南省) **등에서는 다양한 찻잎을 사용해 대량 생산하는 방식으로 가공 과정이 점차 발달하였다.**

지역마다 약간씩은 차이가 있지만, 기본적인 가공 과정은 다음 같다.

채엽 (採葉, Plucking)

중국에서는 고품질의 티나 외관상 아름다운 티를 제외하고, 일반적으로 홍차는 성숙한 찻잎을 따서 가공한다.

보통 일아일엽 (一芽一葉)**이나** 일아이엽 (一芽二葉)**으로** 수확한다.

새싹만을 사용해 녹차를 만드는 경우와는 대조적이다.

위조 (萎凋, Withering)

위조 과정은 일반적으로 찻잎을 5~6시간 동안 대나무 선반이나 자루를 깐 땅바닥에 놓고 뒤적거리며 진행한다.

이 과정에서는 수분이 약 60% 정도 제거되면서 찻잎이 매우 연화된다.

대량 생산 방식에서는 찻잎을 밑면이 체로 이루어진 용기에 놓고 그 아래로 장작불을 뗀다. **그리고 통풍기로 공기를 계속해서 불어넣어 약 4시간 동안 진행한다.**

유념 (揉捻, Rolling)

유념은 **찻잎의 세포 구조를 파괴**하여 세포막 속에 든 **산화효소**를 미리 방출시켜 **산화 과정**에서 **화학 반응**이 더 빨리 일어나도록 하는 과정이다.

고급 홍차의 경우 사람이 손으로 직접 휘말아 준다.

대량 생산에서는 보통 유념기Roller로 진행한다.

나선으로 살이 돋은 원반 형태의 유념기에 놓인 찻잎은 유념기가 돌아가면서 압력을 가해 길고 가늘게 휘말린다. 이 과정은 보통 30분가량 진행되는데, 가공 시간은 새싹의 함유량, 온도, 습도, 수확기에 따라 달라진다.

이 과정은 조건에 따라 여러 차례 반복될 수 있다.

산화 (酸化, Oxidation)

중국의 전통적인 방식은 찻잎을 땅바닥에 놓고 젖은 천으로 덮어 산화 반응을 촉진한다. 이때 찻잎 온도를 약 22도 내외로 유지하면서 약 8~12시간 동안 놓아둔다.

이 과정에서 떫은맛 성분인 카테킨Catechin이 점차 다른 성분으로 변화하면서 떫은맛이 줄어들고, 중국 홍차 특유의 향미인 흙 향, 탄 향, 단 향 등이 물씬 풍긴다.

이때 산화도를 파악하고 중단하는 숙련된 장인의 기술에 따라서 품질과 향미도 다양해진다.

건조 (乾燥, Drying) / 홍배 (烘焙)

찻잎에 남은 수분을 대폭 제거하여 산화 과정을 통해 형성된 향미와 품질을 고정한다. 건조 방식은 지역마다 다르지만, 전통적인 방식에서는 장작불로 찻잎을 건조하기도 한다(홍배). 대량 생산에서는 컨베이어벨트에 찻잎을 놓고 뜨거운 공기를 불어 넣어 건조한다.

분류/선별 (分類/選別, Sorting/Sifting)

분류는 찻잎들을 품질에 따라 여러 등급으로 나누는 과정이다.

선별 과정에서는 가지나 이물질을 제거한다. 전통적인 방식으로는 대나무 체를 사용하여 고품질의 홍차를 분류, 선별해 낸다.

대규모 생산 방식에서는 분류 및 선별 과정을 모두 자동화된 기계로 진행한다.

고온건조 (高溫乾燥, Firing)(선택 사항)

찻잎의 수분 함량을 최대한 줄이면서 유통 과정에서 찻잎의 품질이 변하지 않도록 표준화하는 작업이다. 이 과정은 선택적으로 진행된다.

 영국 정통의 오서독스 (Orthodox) 방식

19세기 영국은 인도, 실론(스리랑카)에 차나무를 재배하는 데 성공하여 중국에 대한 티 수입의 의존도를 크게 줄였지만, **국내의 막대한 티 소비량과 중국 티에 대한 가격 경쟁력을 높이기 위해서 티의 대량 생산이 시급하였다.**
당시 중국식 홍차의 가공 방식은 복잡하였고, 장인들의 기술에 따라서도 품질이 천차만별이었다.

이러한 문제점을 해결하기 위하여 **영국이 인도에서** 기계의 힘**과** 전문가의 기술**을 접목해 탄생시킨 가공 방식이 바로 '오서독스Orthodox' 방식이다.**
이 오서독스 방식은 크게 여섯 과정으로 이루어져 있는데, 찻잎의 크기가 온전한 '홀 리프Whole Leaf' 등급에서부터 매우 작은 크기인 '더스트Dust' 등급에 이르기까지 다양한 등급의 홍차를 생산할 수 있다.
오늘날에는 **다르질링Darjeeling**과 같은 **고품질의 홍차**를 생산하는 데 주로 적용한다.

채엽 (採葉, Plucking)

찻잎을 일아이엽으로 따는 모습

인도, 스리랑카, 케냐 등 오늘날 대표적인 홍차 산지에서는 중국에서와 마찬가지로 비교적 성숙한 찻잎으로 홍차를 생산한다.
새싹 하나 (一芽)와 그 아래의 두 잎 (二葉)까지 사용하는 '일아이엽 (一芽二葉)'이 대표적인 채엽 방식이다. 보통 여성들의 섬세한 손길로 찻잎의 수확이 이루어지지만, 일부 나라에서는 기계를 사용해 찻잎을 수확하기도 한다.

위조 (萎凋, Withering)

찻잎의 위조 시설

다원에서 홍차 가공 공장으로 신속히 운송된 신선한 찻잎들을 통풍이 잘되는 장소에서 늘어놓고 찻잎의 수분 함량을 줄이는 작업이다.
이 과정에서 찻잎의 물리적인 굳기 정도를 비롯해 자연적인 약한 산화 과정을 통해 화학적 특성인 향미에 변화가 생긴다. 공장 내의 습도, 통풍, 온도 등 조건을 조절하면서 일정 시간 (최소 12시간 이상) **진행한다.**
오서독스 방식에서는 보통 찻잎의 특성에 따라 수분 함량을 보통 25%~50% 범위 내에서 줄인다.

예를 들면 아삼 홍차의 경우, 약한 세기의 위조 과정을 통해 수분 함량을 약 25~35% 정도 줄인다. **실론 홍차의 경우, 강한 세기의 위조 과정을 통해 수분 함량을 40~50% 정도 줄인다.**
이 과정은 홍차의 향미에 매우 중요한 영향을 주기 때문에 홍차 전문가들은 수분 함량을 측정할 때 찻잎을 한 움큼 쥐면서 얼마나 잘 뭉쳐지는지 관찰하거나, 찻잎을 주머니에 담아 시간마다 무게를 측정해 수분 함유량을 알아낸다.

• 위조 과정이 찻잎에 주는 물리적, 화학적 변화

물리적인 변화	화학적인 변화
· 수분 함량 감소 · 찻잎 재질의 연화 · 찻잎의 유연성 증가	· 자연적인 **산화** 발생 · **단백질→아미노산, 탄수화물→당으로 변화** · 홍차 향미의 발생

• 다양한 세기의 위조 과정

위조 강도	적용 대상
약한 세기	향미가 풍부하고 색상이 진한 홍차, 아프리카 홍차나 아삼의 CTC 홍차
중간 세기	**약한 세기의 위조한 것보다 향이 더 센 홍차, 오서독스 방식의 아삼 홍차, 로그론 (Low Grown)의 실론 홍차**
강한 세기	**향미가 아주 강하고 뚜렷한 홍차, 하이그론 (High Grown) 실론 홍차**

유념 (揉捻, Rolling)

찻잎의 유념기

홍차 공장에서 찻잎이 위조 과정을 마치고 재질이 유연해지면 다음 단계의 가공에 들어간다.

찻잎의 세포막을 파괴해 내부의 산화효소와 방향유들이 배어 나오도록 하는 유념 (揉捻) 과정이다.

오서독스 방식에서는 찻잎을 손으로 직접 굴리는 중국 전통 방식을 흉내 내 롤링 테이블로 찻잎을 천천히 굴린다. **약 3시간 정도 찻잎을 굴리면, 찻잎의 세포막이 파괴되면서 산화효소와 방향유가 천천히 배어 나와 공기에 노출되면서 산화 반응이 일어난다.** 이와 동시에 찻잎을 롤러에 집어넣어 모양을 잡는 성형도 진행된다. 이때 유념 과정이 너무 강하면 찻잎의 색상이 변하여 윤기가 없어진다.

산화 (酸化, Oxidation)

홍차의 산화실

유념 과정을 통해 산화효소가 배어 나온 찻잎을 본격적으로 산화시키기 위해 보통 선반에 고르게 펴놓고 온도는 20~35도, 습도는 비교적 높은 상태로 보관한다. 일반적으로 찻잎의 수분 함량에 따라 찻잎의 층 두께를 달리 한다.

낮은 온도에서 빨리 산화시키려면 층의 두께를 얇게, 서서히 산화시키려면 층의 두께를 두껍게 한다. 습도와 온도를 일정하게 유지하기 위해 센서가 달린 가습기를 사용하는 경우도 있다. 산화 시간은 실내 온도와 습도에 따라 달라질 수 있다. 이 산화 시간은 약 4시간 정도로서 오서독스 방식이 CTC 방식보다 더 길다.

이러한 조건 속에서 **효소의 산화 반응이 진행되면서 찻잎의 성분에도 수많은 화학적 변화가 일어나 홍차의 향미, 향미의 세기, 색상, 바디감 등을 결정한다.** 이는 홍차의 생산에서 가장 중요한 단계로서 **홍차 가공 공장에서도 오랜 경험과 숙련된 전문가들만이 그 산화의 정도, 산화의 중단 여부, 시점을 결정한다.**

열처리 (Firing) / 건조 (乾燥, drying)

찻잎의 건조 기계

열처리 및 건조는 **찻잎에 열을 가하여 단백질 성분인 산화 효소를 변성시켜 산화 과정을 완전히 중단시키는 과정이다.**

찻잎을 100% 완전히 산화시킬 경우, 더운 공기가 나오는 컨베이어벨트 위에 놓거나 거대한 원통에서 찻잎을 약 120도의 온도로 가열한다.

이 과정이 약하면 산화 과정이 계속 지속되어 통제 불능이 된다. 반면 너무 과도하게 강하면 찻잎에서 탄내가 풍긴다.
그런데 **수분 함유량을 평균 약 3%(2~6%)로 낮추면 홍차의 색상과 방향성 성분의 생성에 도움이 된다.** 또 한편 이 과정은 찻잎에 곰팡이의 발생을 방지하고, 포장하거나 운반할 때 찻잎의 변질도 막을 수 있다.

 등급 분류 (Grading)

찻잎 등급 분류기

분류 작업은 보통 손이나 기계로 하는데, 특히 인도의 오서독스 방식에서는 진동판으로 찻잎을 분류한다.
높이가 다른 다양한 크기의 진동판이 찻잎들을 크기별로 분류한다.
크기 큰 찻잎들은 가장 높은 진동판에서 걸러지고, 파쇄된 '패닝Fanning' 등급 찻잎들과 '더스트Dust' 등급 찻잎들은 더 아래쪽으로 떨어지도록 설계되어 있다. 중간 크기의 찻잎은 다른 진동판에 의해 걸러진다.
구매자의 요구나 필요에 따라서 보다 더 엄밀하게 등급을 분류하기도 한다.
특히 티백Tea Bag 제조사들의 경우에는 등급을 매우 중시한다. **그 이유는 찻잎 크기에 작은 변수라도 생기면 티백의 고른 품질에 큰 영향을 줄 수 있기 때문이다.**

칼럼

홍차의 과학

홍차의 찻빛에 숨은 이야기!

찻잎에 갈변화를 일으키는 '산화효소'

녹색의 찻잎은 홍차의 산화 과정에서 홍갈색으로 변화한다.

그 이유는 찻잎 내에 폴리페놀 성분을 산화시키는 '폴리페놀 산화효소PPO, Polyphenol Oxidase' (이하 산화효소)가 있기 때문이다. **이 산화효소가 유념 과정을 통해 찻잎 내부에서 배어 나온 폴리페놀 성분을 외부 산소와 결합을 촉진하여 유색 화합물인 '퀴논Quinone'을 생성시켜 홍갈색으로 '갈변 (褐變, Browning)' 현상을 일으키는 것이다.**

홍차의 찻빛을 결정하는 '차황소 (茶黃素)'와 '차홍소 (茶紅素)'

대부분의 식물에는 폴리페놀 성분들이 함유되어 있다.

찻잎에도 마찬가지이다. 찻잎에는 여러 폴리페놀류가 중합된 **타닌**Tannin이라는 성분이 들어 있다. **이 성분은 차나무의 신진대사를 통해 생성되어 찻잎에 저장된 것이다.**

티를 우렸을 때 떫은맛이 나는 것도 이 타닌의 한 성분인 카테킨류 Catechins**로 인한 것이다.** 이 카테킨류에는 다시 카테킨C, Catechin, 에피카테킨EC, Epicatechin, 에피갈로카테킨EGC, Epigallocatechin, 에피카테킨 갈레이트ECG, Epicatechin Gallate, 그리고 에피갈로카테킨 갈레이트EGCG, Epigallocatechin Gallate가 있다.

이러한 성분들은 건조 찻잎의 약 2~8%가량 차지하고 있다.

그런데 이 **카테킨**류는 홍차의 가공 과정 중 **산화 과정**을 거치면서 **새로운 폴리페놀계 화합물로 변화**한다.

테아플라빈TF, Theaflavin (차황소)**과 테아루비긴**TR, Thearubigin (차홍소) **등으로 변화하는 것이다. 따라서 홍차는 녹차의 경우보다 카테킨류의 함유량이 낮다.**

이렇게 홍차의 산화 과정을 통해 생성된 테아플라빈이 홍차를 우렸을 때 찻빛을 밝은 황색으로 띠게 하고, 테아루비긴이 찻빛을 홍갈색으로 띠게 하는 것이다.

결국 이 두 물질의 서로 다른 함유량에 따라 홍차의 색상이 결정되는 것이다.

훌륭한 품질의 홍차는 테아플라빈 (차황소)과 테아루비긴 (차홍소)의 양이 적당히 조화를 이루도록 산화 과정을 마친 것이다. **일반적으로 산화 속도가 느리면 테아플라빈이 많이 증가하고, 산화 속도가 빠르면 테아루비긴이 많이 증가한다. 단, 테아플라빈은 일정 시간이 지나면 더 이상 생성되지 않는다. 따라서 산화 과정을 느리게 진행하는 오서독스 방식의 홍차는 테아플라빈 (차황소)이 풍부하고, 산화 과정을 급속히 진행하는 논오서독스**CTC **방식의 홍차에서는 테아루비긴 (차홍소)이 풍부한데, 이 두 성분이 차지하는 비율의 균형점을 찾는 작업은 숙련된 전문가의 오랜 경험이 필요하다.**

• 산화 시간과 홍차의 차색소 (茶色素) **변화**

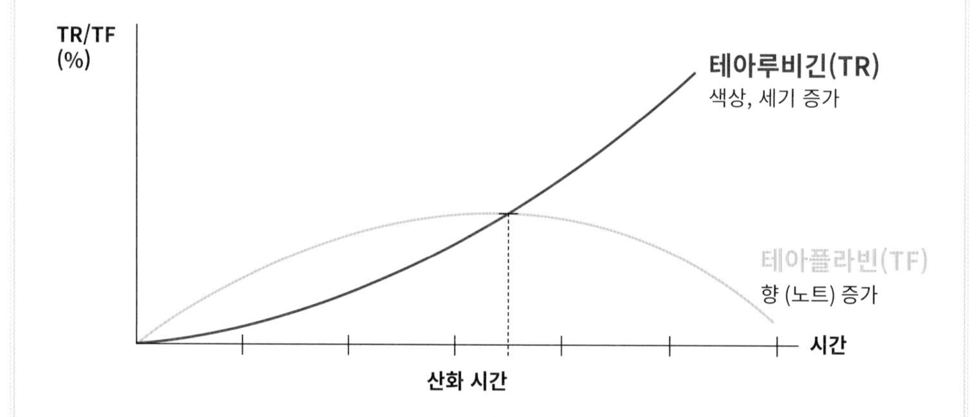

논오서독스 (Nonorthodox) 방식 - CTC 방식

한편 **영국 정통의 오서독스 방식**은 중국 전통 기술을 접목시킨 방식으로서 **홍차의 품질은 좋지만, 가공 시간이 다소 많이 걸리고 노동력이 많이 드는 단점이 있다.**

이러한 단점을 극복하기 위하여 **19세기**에 **논오서독스 방식으로서 개발**된 것이 **'CTC**Crush-Tear-Curl 방식'이다.

요컨대 기계로 찻잎을 **부수고**Crush-**찢고**Tear-**휘마는**Curl **방식이다.**

이 CTC 방식은 1930년경에 영국의 윌리엄 메커처 경 Sir. William Mckercher**이 인도 북부에서 개발하였다.** 윌리엄 경이 1930년대에 산화 속도를 높여, 홍차를 더 빨리, 더 많이 생산할 수 있는 대량 생산 시스템을 완벽히 구축한 것이다.

처음에는 억센 찻잎에 사용되었던 이 방식은 20세기 중반에 '브로큰Broken', 패닝Fannig, 더스트Dust 등급을 사용하는 티백의 발명과 함께 매우 크게 확산되었다. 즉 **티 산업에 대량 생산의 혁명이 시작된 것이다.**

오서독스 방식이 홀리프 등급에서부터 더스트 등급까지 전부 만들 수 있는 것과 달리 **CTC 가공 방식은 홀 리프 등급을 제외한 브로큰, 패닝, 더스트 등급의 홍차를 생산하는 데에만 사용된다.**

채엽 (採葉, Plucking)

19세기에 CTC 방식은 거칠고 많이 성숙하여 주로 품질이 떨어지는 찻잎을 가공하는 데 사용하였다. 그리고 20세기 들어 거친 찻잎을 브로큰 등급 이하의 크기로 잘게 만들어 티백을 만드는 데 사용하는 것인 만큼, 오서독스 방식의 홍차와 달리 '일아삼엽 (一芽三葉)'도 채엽하여 사용한다. 또한 **수확도 대량 생산을 위한 것인 만큼 기계로 수확하는 경우도 많다.**

위조 (萎凋, Withering)

CTC 홍차는 찻잎의 수분 함량을 30~32% 정도 줄인다. **전문가들이 수분 함량을 측정할 때는 찻잎을 한 움큼 쥔 뒤 얼마나 잘 뭉쳐지는지 관찰하거나, 찻잎을 주머니에 담아 시간마다 무게를 측정해 수분 함유량을 알아낸다.** 약 14~17시간의 위조 과정을 거치면 수분 함량은 최대 약 60~70%나 준다.

CTC 과정

이 과정은 오서독스 방식에서 유념 과정을 대체한 것이다.

'CTC'는 **'으깨기Crush', '찢기Tear' 그리고 '휘말기Curl'의 약어이다.** 즉 찻잎을 수백 개의 날카로운 톱니가 달린 원통형의 롤러에 집어넣어 잘게 으깬다 (Crush). 다음으로 **'로터베인Rotorvane'이라는 설비에 넣고 찻잎을 찢는다** (Tear). 이어 불규칙한 형태의 작은 공 모양으로 굴리고 휘만다 (Curl). **이 과정에서 찻잎의 세포막들이 급속히 파괴된다.**

급속 산화 (急速酸化, Brief Oxidation)

CTC 과정을 거친 찻잎에서는 세포막에서 산화 과정을 촉진하는 산화효소들이 빠른 속도로 배어 나온다. 이로 인해 카테킨 성분이 산소와 결합하는 속도도 빨라진다. 이렇게 산화 과정이 빨라지면 **테아루비긴**TR과 **테아플라빈**TF의 생성 비율(TR/TF)에서 **테아루비긴**TR이 더 많이 생성되어 색상이 진한 홍갈색을 띠게 된다. 산화 시간은 오서독스 방식 (약 4시간)보다 훨씬 짧은 약 1시간 30분 정도 된다.

열처리 (Firing)

열처리의 기본적인 과정은 오서독스 방식과 흡사하다. 컨베이어벨트와 같이 기계에 놓고 열을 가해 산화효소를 변성시켜 산화 과정을 중단하여 향미와 품질을 고정하는 것이다.

등급 분류 (Grading)

CTC 가공 홍차의 찻잎은 브로큰 등급으로서 보통 지름이 약 0.5mm~2mm로 세립질이다. 티백에 담기기 위해서는 고른 크기가 중요하고, 티가 우러나는 속도도 일정해야 하므로 티백 업체에서는 특히 크기의 균일성 (등급의 정확도)을 중요시한다.

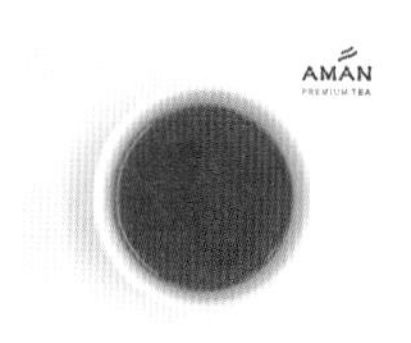

아삼 CTC 홍차의 찻잎과 우린 찻물

홍차의 등급

홍차는 찻잎의 크기 (사이즈)**에 따라 등급을 표시하는 방법이 있다.**
그런데 이 등급은 가공된 홍차의 분쇄 상태 또는 찻잎의 크기 (사이즈)**를 의미하기 때문에 등급이 높다고 하여 반드시 맛이 좋다는 의미는 아니다.**
홍차의 등급에는 찻잎의 크기에 따라 '홀 리프Whole leaf', '브로큰Broken', '패닝Fanning', '더스트Dust'가 있다.
이런 홍차 등급의 세부적인 사항은 나라마다, 지역마다 약간씩 다르다.

오서독스 홀 리프 (Whole Leaf) 등급의 구분

여기서는 인도 오서독스 방식의 홍차에서 홀 리프 등급을 표시할 때 사용하는 등급 시스템을 소개한다.
가장 중요한 것은 페코Peoke (하얀 잔털이 나 있는 새싹)의 수이다.
새싹이 풍부할수록 표기명도 일반적으로 길어진다.

OP (Orange Pekoe)

찻잎 분류법으로는, 팁Tip 바로 아래에 자란 어린잎으로 만든 홍차이다.
전체적인 모습은 가늘고 긴 바늘 형태이다. **차나무의 품종에 따라 골든 팁Golden Tip에서만 볼 수 있는 '금호 (金毫)'가 있는 홍차도 있다.**

* **티피** (Tippy) : **새싹이 풍부한 상태**이다.
* **골든** (Golden) : 새싹들이 산화 과정을 거치면서 **황금빛**을 띠는 상태이다.
* **플라워리** (Flowery) : 새싹에서 **꽃향기**가 약하게 나는 상태이다.
* **오렌지** (Orange) : 유럽에 최초로 티를 수입하였던 네덜란드의 오라녀-나사우(Oranje-Nassau) 왕가에서 처음 언급한 데서 유래된 용어이다.
* **페코** (Pekoe) : **하얀 잔털이 나 있는 새싹.** 중국어로 '백호 (白毫)[Bai Hao]'의 푸젠성 방언 발음인 '팍호[pak-ho]에서 유래했다.

* **로마숫자 I** (또는 아라비아 숫자 1) : 각 등급 용어의 뒷자리에 붙이는 수. 동일 등급 중에서도 찻잎의 품질이 더 우수할 경우 각 등급의 뒷자리에 매긴다.

FOP (Flowery Orange Pekoe)

팁Tip과 오렌지 페코OP 등급으로만 이루어진 홍차이다. 고급 홍차의 대표적인 등급이며, 더 고급화될수록 다시 여러 등급으로 나뉜다.

GFOP (Golden Flowery Orange Pekoe)

FOP 등급에 골든 팁Golden Tip이 함유된 등급의 홍차이다.

TGFOP (Tippy Golden Flowery Orange Pekoe)

골든 **팁Golden Tip의 함유량이 비교적 많은 등급.** FOP보다 맛이 깔끔하며, 향기는 더 높고 오래간다.

FTGFOP (Finest Tippy Golden Flowery Orange Pekoe)

매우 정교하고 섬세한 유념을 거쳐 완성된 고품질 홍차이다.

SFTGFOP (Super Finest Tippy Golden Flowery Orange Pekoe)

FTGFOP라는 등급에 '수퍼Super'라는 용어가 붙었다.

매우 높은 품질의 등급을 나타내며, 전체 홍차 생산량 중에서 **극소량만**이 **SFTGFOP**의 등급이 매겨진다.

인도 다르질링 시요크(Seeyok) 다원의 테이스팅 룸에서 저자 홍차언니의 모습

• 인도 홍차의 등급 분류 (ORTHODOX TEA)

홍차의 등급 분류	등급 이름	명명 내용
1 홀 리프 (Whole Leaf)	SFTGFOP	Super Fine Tippy Golden Flowery Orange Pekoe
	FTGFOP	Fine Tippy Golden Flowery Orange Pekoe
	TGFOP 1	Tippy Golden Flowery Orange Pekoe One
	TGFOP	Tippy Golden Flowery Orange Pekoe
	GFOP	Golden Flowery Orange Pekoe
	FOP	Flowery Orange Pekoe
	OP	Orange Pekoe
2 브로컨 (Broken)	GFBOP	Golden Flowery Broken Orange Pekoe
	BPS	Broken Pekoe Souchong
	GBOP	Golden Broken Orange Pekoe
	FBOP	Flowery Broken Orange Pekoe
	BOP 1	Broken Orange Pekoe One
	BOP	Broken Orange Pekoe
3 패닝 (Fannings)	GOF	Golden Orange Fannings
	FOF	Flowery Orange Fannings
	OPF	Orange Pekoe Fannings
4 더스트 (Dust)	OPD	Orthodox Pekoe Dust
	OCD	Orthodox Churamani Dust
	BOPD	Broken Orange Pekoe Dust
	BOPFD	Broken Orange Pekoe Fine Dust
	FD	Fine Dust
	D-A	Dust-A
	Spl D	Special Dust
	GD	Golden Dust
	OD	Orthodox Dust

인도 다르질링 미릭(Mirik) 밸리의 한 다원에서의 티 테이스팅

CTC 홍차의 등급

인도 CTC 방식은 1930년대 최초로 발명된 뒤로 오늘날 홍차를 대량 생산하는 길을 열었다. 티백 생산에 사용되는 등급은 브로큰, 패닝, 더스트가 주로 사용된다.
여기서는 인도 전체 티 생산량의 **약 80% 이상**을 차지하는 **인도 CTC 홍차**의 등급에 대하여 간략히 소개한다.

브로큰 (Broken)

브로큰은 CTC 홍차의 주요 등급이다.
찻빛이 부서진 상태로서 큰 입자성을 띤다.

BP (Broken Pekoe)

브로컨 페코BP는 브로컨 오렌지 페코BOP보다 찻잎이 더 굵게 잘린 등급으로서 크기가 약간 더 크다. 홍차 블렌드에 필러Filler로 자주 사용된다.

BOP (Broken Orange Pekoe)

BP 등급보다 찻잎의 크기가 약간 작고 새싹이 포함되어 있다.
우린 찻빛은 밝은 갈색을 띤다.

아삼 CTC BOP(왼쪽)와 아삼 CTC BP(오른쪽)

패닝 (Fanning)

패닝 등급은 BP 등급보다 찻잎의 크기가 훨씬 더 작다.

PF (Pekoe Fannings)

CTC 방식의 대표적인 패닝 등급으로서 전 세계에서 티백에 많이 사용된다.

풀 바디감이 강하여 크림 티, 밀크 티로 많이 사용된다.

CTC PF 등급 홍차

더스트 등급

더스트는 찻잎의 크기가 가장 작은 등급이다.

찻잎이 가장 빠르게 우러나고 강한 맛의 홍차를 생산하는 데 유용하다.

PD (Pekoe Dust)

맛이 매우 '진하고Thick', '강하면서Strong', '거친Gutty' 티백에 적합한 등급이다.

CTC PD 등급 홍차

D (Dust)

맛이 매우 강하고 거친 티백에 적합하다.

CTC D 등급 홍차

아삼의 다원에서 티 테이스팅하는 홍차언니

CD (Churamani Dust)

CD 등급은 매우 곱고 미세한 입자들로 정제된 등급이다.

향미가 매우 강하고 찻빛도 훌륭하다. 입자의 알갱이가 매우 작아 스트레이너를 반드시 사용해야 한다.

• 인도 홍차의 등급 분류 (CTC TEA)

홍차의 등급 분류	등급 이름	명명 내용
브로컨 (Broken)	FEK	Fekoe
	BP	Broken Pekoe
	BOP	Broken Orange Pekoe
	BPS	Broken Pekoe Souchong
	BP 1	Broken Pekoe One
	FP	Flowery Pekoe
패닝 (Fannings)	OF	Orange Fannings
	PF	Pekoe Fannings
	PF 1	Pekoe Fannings One
	BOPF	Broken Orange Pekoe Fannings

더스트 (Dust)	PD	Pekoe Dust
	D	Dust
	CD	Churamani Dust
	PD 1	Pekoe Dust One
	D 1	Dust One
	CD 1	Churamani Dust One
	RD	Red Dust
	FD	Fine Dust
	SFD	Super Fine Dust
	RD 1	Red Dust One
	GD	Golden Dust
	SRD	Super Red Dust

CTC 홍차 등급 출처 : https://www.jaymatadeeindiatea.com/ctc-grade

 등급에 따른 소비 유형 _ 티백, 잎차

 **홍차는 등급에 따라서 소비되는 유형이 다르다.**

먼저 오서독스 방식의 홀 리프 등급은 다르질링 Darjeeling**과 같은 고급 잎차로 생산되어 포장 티로 많이 소비된다.** 반면 아삼, 닐기리 산지의 CTC 홍차는 침출 속도가 매우 빠르고 맛도 매우 강하여 주로 **티백**에 사용된다. CTC 홍차는 단품으로도 마시지만, 맛이 강하여 소비자의 취향에 따라 크림을 넣은 '크림 티Cream Tea', 우유를 넣은 '밀크 티Milk Tea', 향신료와 우유를 함께 넣어 우리는 '차이Chai'로도 많이 소비된다.

다르질링 시요크 다원(Seeyok Estate)의 퍼스트 플러시 SFTGFOP1 등급의 잎차 홍차 (왼쪽)와
아삼 CTC BOPSM 등급의 홍차 (오른쪽)

홍차의 다양한 건강 효능

인도 아삼에서 티를 즐기는 홍차언니

홍차는 식물성 폴리페놀**의 성분인** 카테킨**이 완전 산화 과정을 통하여 다른 화합물로 변화하면서 다른 분류의 티에 없는 독특한 성분들이 생성된다.**

대표적인 성분들이 '테아플라빈TF'과 '테아루비긴TR'이다.

이러한 플라보노이드 성분들은 모두 항산화 성분으로서 우리 몸의 세포를 늙게 만드는 활성산소를 제거할 뿐만 아니라 심혈관계 질환 개선, 신경퇴행성 인지 장애 개선, 항염증, 항바이러스, 항종양 등 다양한 건강 효능이 있다.

여기서는 홍차의 건강 효능으로 널리 알려진 내용에 관하여 간략히 소개한다.

심장병 예방

홍차를 매일 한 잔씩 마시면 혈압을 낮추고 주요 심혈관계 질환인 심장병(심근경색, 심장마비 등) 질환의 위험률을 낮추는 데 도움이 된다는 연구 성과가 있다. 미국심장학회American Heart Association의 저널 **『하이퍼텐션**Hypertension**』**에 보고된 바에 따르면, 연구팀이 약 900명의 연구 참여자의 1년간 건강 및 식이 데이터를 분석한 결과, **플라보노이드**Flavonoid **가 다량으로 함유된 홍차, 블루베리, 블랙베리 등을 장기간 섭취하면 장내 미생물의 조성에 영향을 주어 혈압을 낮추는 데 효과가 있어** 심장병의 위험률을 줄이는 데 도움이 된다는 것이다.

또 다른 의학 저널 **『리피드 인 헬스 앤 디지스 프리벤티브 메디슨**Lipids in Health and Disease Preventive Medicine**』**(1998)에 소개된 연구 결과에 따르면, 실험 쥐를 대상으로 **항산화 성분인 테아플라빈**Theaflavin **기반 용액을 투입한 결과, 심근경색의 요인인 혈중 콜레스테롤이 10.39%, LDL 콜레스테롤이 10.84%, 비만의 요인인 중성 지방이 6.6% 감소한 것이었다.**

그 외에도 홍차의 항산화 성분들은 심장 질환과 관련하여 그 유효성에 대해 현재 많이 연구되고 있다.

뇌졸중 위험 완화

세계에서 두 번째로 큰 사망 원인은 뇌에 혈액이 운송되는 혈관이 막히는 **뇌졸중**이다. 그런데 **미국국립보건원**National Institutes of Health 산하 기관인 **국립생물정보센터**The National Center for Biotechnology Information에 보고된 바에 따르면, **홍차의 섭취가 뇌졸중에 미치는 영향을 통계적인 메타분석**Meta-Analysis **기법으로 조사한 결과,** 출신 국가에 상관없이 **하루에 3잔 이상 티**(녹차나 홍차)를 마시는 사람은 하루에 1잔 미만 마시는 사람보다 **뇌졸중 위험이 21% 나 더 낮은 것**으로 드러났다. **이는 하루에 녹차나 홍차를 3잔 이상씩 마시면 허혈성 뇌졸중을 예방하는 데 도움이 된다는 사실을 시사한다.**

인지력 저하 위험 개선

홍차는 또한 사람들의 **인지력 감퇴**를 **예방**해 줄 수 있다는 연구 성과도 있다.
신경계 분야의 세계적인 의학 학술지인 『**뉴롤로지**Neurology』에는 하버드 대학 연구팀이 10만 명의 사람들로부터 수집한 지난 **20년 동안의 건강 및 영양 데이터를 수집 및 분석한 결과, 홍차와 같은 플라보노이드가 풍부한 식단을 섭취한 사람들의 인지 저하 위험률이 20%대로 낮았으며,** 이에 대해 과학자들은 플라보노이드의 항산화 특성이 뇌로 혈액을 공급하는 데 보호하는 효과가 있는 것으로 보고 있다.

당뇨병 예방

홍차에 감미료를 넣지 않고 마시면 혈당을 낮추고 우리 몸의 혈당 관리 능력을 높일 수 있다. 당뇨병을 예방하기 위해서는 식후 혈당 조절이 무엇보다 중요하다.
미국국립보건원NIH에 보고된 바에 따르면, **홍차를 섭취한 정상 성인과 당뇨병 전증**Pre-Diabetic **환자를 대상으로 식후 혈당을 조사한 결과,** 홍차의 섭취가 식후 혈당 조절 능력을 높이는 것으로 드러났다.

20~60세 연령의 정상 성인과 당뇨병 전증 환자들로 이루어진 24명에게 자당 용액

Sucrose Solution을 무작위로 섭취시킨 뒤 폴리페놀Polyphenols, 홍차 중합 폴리페놀BTPP, Black Tea Polymerized Polyphenol이 저용량, 고용량으로 함유된 홍차 음료와 폴리페놀, BTPP가 전혀 들어 있지 않은 플라시보 드링크Placebo Drink를 마시게 하여 혈당을 조사한 결과, 홍차 음료를 마신 사람에게서 혈당이 현저히 감소한 것이다.
이 결과는 식후에 홍차를 마시면 혈당 조절 능력을 높여 혈당을 감소시키는 데 도움이 된다는 것이다.

주의력 향상

홍차에는 각성 성분인 카페인Caffeine이 커피의 약 절반가량 함유되어 있다.
또한 아미노산 성분인 L-테아닌Theanin도 들어 있는데, 미국국립보건원NIH에 보고된 연구 결과에 따르면, 홍차를 마시면 이 두 성분으로 인해 사람의 주의력이 높아지는 것으로 드러났다.

L-테아닌과 카페인을 함께 넣은 홍차 성분 음료와 플라시보 드링크(색과 향을 기준으로 홍차와 비슷하게 만든 물)를 실험 참가자에게 각각 복용시킨 뒤 주의력 향상 테스트를 진행하였는데, 홍차 성분의 음료를 마셨을 때의 주의력이 크게 향상된 결과를 보인 것이다.
이제 수험생들에게 커피 대신에 홍차를 추천해 보는 것은 어떨까?

암 발병 예방

과학자들은 오랫동안 티에 든 폴리페놀의 항암 효능을 연구해 왔다.
특히 홍차에는 폴리페놀, 아미노산, 알칼로이드Alkaloid와 같은 수많은 생리 활성 성분이 포함되어 있어 강력한 항산화 작용을 한다.
이러한 작용은 세포 분자의 산화적 손상을 막고 유전자 차원에서 돌연변이의 유발을 차단하며, 유전자 풀의 전사를 조절하는 등 다양한 암의 발생을 억제한다.

특히 홍차의 주요 생리 활성 성분인 테아플라빈TF과 테아루비긴TR은 여러 연구에서 항암 효능이 있는 것으로 많이 밝혀져 있다.

미국보건연구원NIH에 보고된 한 연구 결과에 따르면, 대장암 세포주와 종양에 대한 연구에서 테아플라빈이 DNA의 변형을 통해 암을 유발하는 효소인 'DNA 메틸트랜스페라제 DNMT, DNA Methyltransferase'의 활동을 차단하여 암세포의 증식을 예방하고 종양의 진행도 억제하는 것으로 드러났다.

또한 홍차는 일부 피부암의 위험도 감소시킨다는 사실이 여러 연구팀에 의해 밝혀졌는데, 특히 구강암 예방에는 큰 도움이 된다는 결과가 나왔다.

오늘날 홍차의 항암 효능에 대해서는 그 밖에도 매우 다양하게 진행되고 있다.

피부 노화 조직의 개선

사람의 노화는 되돌릴 수 없는 자연적인 현상이다. 그러한 노화가 겉으로 제일 먼저 드러나는 곳이 피부 조직이다. 그런데 피부 조직의 노화는 그 밖의 여러 생물학적인 기능의 상실도 초래하여 오늘날에는 피부 노화를 늦추기 위한 많은 연구가 진행되고 있다.

그중에는 홍차의 추출물BTE, Black Tea Extract이 피부 노화 조직의 개선에 효과가 있다는 연구 결과도 있다. **미국국립보건원**NIH에 보고된 연구에 따르면, 실험 쥐의 피부에 홍차 추출물을 투입한 결과, 항산화 효소인 '슈퍼옥사이드 디스뮤타아제SOD, Superoxide Dismutase'의 활성을 강화하는 것으로 드러났다. **그로 인해 노화로 손상된 피부 조직이 개선되고 콜라겐 함유량도 늘어난 것이다.** 이러한 사실을 바탕으로 홍차는 피부 노화를 지연, 억제하거나 노화된 피부 조직을 개선하는 효과를 낼 수 있다는 것이다.

비만 예방

홍차의 테아플라빈TF을 비롯하여 폴리페놀 성분은 지방 세포의 기능을 억제하고, 장내 미생물을 지원하여 체내 지방의 저장을 줄이면서 몸의 비만을 예방할 수 있다.

미국국립보건원NIH에 보고된 연구 결과에 따르면, **홍차**는 식욕을 감소시키고 위장 내의 음식물 성분의 흡수, 지방 대사에 변화를 일으켜 **비만을 예방**한다는 것이다. **그 외에도 홍차는 수많은 대사 장애를 예방하고 치료에 효과적일 수 있다는 연구 결과들이 있다.**

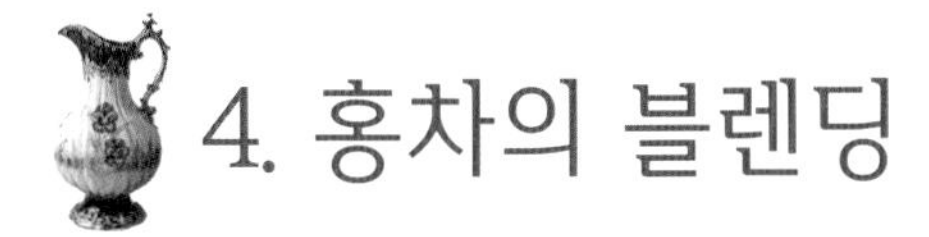

4. 홍차의 블렌딩

홍차의 블렌딩 이유

오늘날 홍차를 블렌딩하는 이유는 매우 다양하다.
그러한 블렌딩은 역사적으로 스코틀랜드에서 처음 고안되었다고 알려져 있다.

영국은 잉글랜드, 웨일즈, 아일랜드의 중남부는 물의 수질이 경수 (硬水, Hard Water)이고, 북부로 올라가 스코틀랜드에 이르면 연수 (軟水, Soft Water)이다. 이러한 수질을 배경으로 19세기 스코틀랜드 티 상인인 로버트 드라이스데일Robert Drysdale이 연수의 물로 우린 홍차에 강한 맛과 향을 불어넣기 위하여 다른 산지의 찻잎을 섞기 시작한 것이 블렌딩Blending의 시초라고 알려져 있다.
그런데 오늘날에는 찻잎 작황이 불안정해도 대량 생산되는 홍차의 품질을 일정하게 유지하거나, 홍차의 향미를 새롭게 창조하거나, 건강 효능을 겨냥하는 등 최종 목적에 따라 다양한 블렌딩이 이루어지고 있다.
여기서는 홍차의 블렌딩이 이루어지는 대표적인 예들을 소개한다.

수질에 맞춘 블렌딩

티는 수질에 따라 우린 찻물의 색(色), 향(香), 미(味)가 달라진다.

물은 칼슘Ca, 마그네슘Mg과 같은 미네랄 성분의 함유량인 '경도 (硬度, Hardness)'에 따라 수질이 나뉜다.
나라마다 경도의 기준이 약간씩 다르지만, 일정 기준 이상이면 경수 (硬水, Hard Water)와 일정 기준 이하이면 연수 (軟水, Soft Water)로 나뉜다.
그 물의 경도 세기에 따라 최종적으로 우린 티의 색, 향, 미가 달라지는 것이다. 예를 들면,

같은 홍차라도 영국에서 먹었을 때와 한국이나 일본에서 먹었을 때 그 색, 향, 미가 다른 것이다.

즉 물이 경수인 영국에서 우려내면 찻빛이 진하고 떫은맛이 약하지만, 물이 보통 연수인 한국이나 일본에서 그 홍차를 우려내면 찻빛이 연하고 떫은맛이 강한 것이다.
이러한 수질에 따른 홍차의 색, 향, 미의 변화를 미리 예견하고 그에 맞춰 훌륭한 풍미를 낼 수 있도록 찻잎을 섞는 것이 수질에 맞춘 블렌딩이다.
이러한 블렌딩은 영국을 비롯하여 지역마다 수질이 많이 다른 유럽에서 많이 발달하였다.

경수 생수로 유명한 유럽의 에비앙(왼쪽)과 우리나라의 제주 용암수(중앙), 그리고 연수 생수인 제주 삼다수

세계보건기구 (WHO)와 우리나라 경도 (Hardness)의 기준

구분	세계보건기구 (WHO)	한국수자원공사
연수	60mg/L 이하	75mg/L 이하
적당한 경수	60~120mg/L	75~150mg/L
경수	120~180mg/L	150~300mg/L
강한 경수	180mg/L 이상	300mg/L 이상

품질의 균질성을 확보

찻잎의 산지에서는 해마다 다른 기후에 따라서 수확물의 양이나 품질이 약간씩 달라진다. 특히 모든 농산물이 마찬가지이지만, **원재료인 찻잎은 최종 상품인 홍차의 품질에 큰 영향을 준다.**

변동이 심한 작황에 따라서도 대량으로 생산되는 홍차의 품질을 균일하게 유지하기 위한 작업이 필요하다.

이때 품질의 균질성을 유지하기 위하여 서로 다른 산지의 찻잎이나 수확기가 다른 찻잎들을 함께 섞는 블렌딩 작업이 이루어지는 것이다.

이를 '커머셜 블렌딩 Commercial Blending**'이라고 한다.**

새로운 향미의 창조

오늘날에는 홍차에 다양한 향미를 불어넣기 위하여 과일, 꽃, 허브 (향신료 포함), **착향료** (엑스트랙트, 에센셜 오일) **등을 혼합하여 판매하는 경우가 많다.**

블렌딩 전문가가 상상력과 창조력을 동원하여 실험을 통해 새로운 향미를 창조한 것들이다. **대표적인 경우가 산지가 다른 두세 종류의 홍차를 혼합한 뒤 베르가모트나 시트러스계의 과일 껍질을 넣어 향미를 새롭게 더한 '얼 그레이**Earl Grey**'이다.**

이렇게 홍차에 다양한 재료를 더하여 새로운 향미를 창조해 내는 작업을 '**시그니처 블렌딩**Signature Blending'이라고 한다.

멀티 오리진 (Munti-Origin) 블렌딩

앞서 설명하였듯이, **홍차의 대량 생산에서는 최종 품질의 균질성을 유지하는 것이 가장 중요하다.**

이를 위하여 오늘날 홍차 산업계에서 가장 많이 사용하는 방법이 서로 다른 국가나 지역의 찻잎들을 서로 혼합하는 '**멀티 오리진 블렌딩**Multi-Origin Blending'이다.

이러한 멀티 오리진 블렌딩은 브리티시 스타일 홍차인 잉글리시 브렉퍼스트 English Breakfast **나 스코티시 블렌드**Scottish Breakfast**와 같은 '클래식 블렌드**Classic Blend**'를 대량으로 생산하기 위하여 많이 사용된다.**

예를 들면, 인도 아삼 홍차를 베이스로 케냐 홍차나 스리랑카 홍차, 말라위 홍차 등을 일정 비율로 혼합하는 것이다.

 클래식 (Classic) 블렌드 홍차의 유형

흔히 브리시티 스타일 홍차 중에서 '클래식 블렌드'라고 부르는 홍차는 19세기 빅토리아 시대에 각 지역의 수질에 맞춰 변화되는 홍차의 최종 향미를 염두에 두고 찻잎을 블렌딩한 것이다.

오전에 즐기는 브렉퍼스트 티에서는 '잉글리시 브렉퍼스트English Breakfast', '스코티시 브렉퍼스트Scottish Breakfast', '아이리시 브렉퍼스트Irish Breakfast', 오후에 즐기는 애프터눈 티에서는 '얼 그레이Earl Grey'가 대표적이다.

이러한 클래식 블렌드는 역사와 전통을 자랑하며 오늘날 전 세계 홍차 애호가들에게도 많은 사랑을 받고 있다.

 브렉퍼스트 티 블렌드 (Breakfast Tea Blend)

브렉퍼스트 티는 티 상인 드라이즈데일이 18세기 영국 앤 여왕Queen Ann, 1665~1714이 아침에 마셨던 티보다 향미가 더 강한 티의 필요성을 느끼면서 1892년 에든버러에서 풀 바디감이 넘치는 강력한 향미와 온종일 활기를 불어넣기 위해 찻잎을 멀티 오리진 블렌딩을 통해 개발한 것이 오늘날 '브렉퍼스트 티'의 진정한 기원이라는 것이다.

브렉퍼스트 티의 향미와 세기는 지역마다 약간씩 차이가 있지만, 주로 아삼 홍차를 베이스로 멀티 오리진 블렌딩으로 다른 산지의 찻잎도 일정 비율로 섞어 강한 향미를 내는 것이 특징이다.

즉 잉글랜드, 스코틀랜드, 아일랜드 각 지방에서 수질을 고려하여 생산된 세 브렉퍼스트 티를 마셔 본다면 진하고Robust, 강한Strong 향미를 느낄 수 있을 것이다.

영국의 유명 티 브랜드인 포트넘 앤 메이슨의 브렉퍼스트 블렌드

잉글리시 브렉퍼스트 (English Breakfast)

잉글리시 브렉퍼스트는 19세기 스코틀랜드의 티 상인 드라이즈데일이 개발한 브렉퍼스트 티가 기원이라는 설이 유력하다.

스코틀랜드 밸모럴성Balmoral Castle에 휴양을 위하여 머물고 있던 빅토리아 여왕Queen Victoria, 1819~1901이 향미를 맛보고 잉글랜드의 왕실로 가져와 마시면서 오늘날의 **'잉글리시 브렉퍼스트'**라는 이름이 붙었다는 이야기이다.

그리고 빅토리아 여왕 시대부터 오늘날과 같이 풀 바디감이 넘치는 강한 향미로 변화하였다고 한다.

영국의 일반 가정에서도 아침 식사와 함께 곁들이는 브렉퍼스트 티인 만큼 블렌딩은 하루에 활기를 불어넣어 줄 정도로 향미가 강하고 진하다.

멀티 오리진 블렌딩을 통해 몰티Malty 향이 강하고 풀 바디감이 펼쳐지는 아삼Assam CTC 홍차를 베이스로 실론Ceylon 홍차, 케냐Kenya 홍차까지 더하는 등 브랜드마다 찻잎의 구성에 차이가 있다.

단품으로도 즐겨도 좋지만, 풀 바디감의 강한 향미를 누그러뜨리기 위하여 단맛의 우유와 함께 즐기기도 한다.

스코티시 브렉퍼스트 (Scottish Breakfast)

스코티시 브렉퍼스트는 일반적으로 아이리시 브렉퍼스트, 잉글리시 브렉퍼스트보다 더욱

더 강한 향미와 풀 바디감을 가진다.

이러한 이유로 스코틀랜드에서는 우유와 함께 많이 즐긴다.

스코틀랜드 지방은 수질이 연수이기 때문에 더 강한 향미를 얻기 위하여 풀 바디감이 풍부하고 중후한 몰티 향미의 인도 아삼 홍차를 베이스로 상쾌한 향미의 실론 홍차나 아프리카 홍차를 블렌딩한 경우가 많다.

아이리시 브렉퍼스트 (Irish Breakfast Tea)

아이리시 브렉퍼스트는 향미가 잉글리시 브렉퍼스트보다는 강하고 스코티시 브렉퍼스트보다는 약한 편이다.

몰티 향과 풀 바디감이 펼쳐지는 아삼 홍차에 산뜻한 향미의 인도 다르질링Darjeeling이나 실론 홍차를 블렌딩한 경우가 많다.

아이리시 브렉퍼스트는 중후한 바디감을 주는 아삼 홍차의 향미와 다르질링의 상쾌한 향미가 훌륭한 조화를 이루어 풍부한 향미를 경험할 수 있다.

아일랜드에서는 보통 우유와 함께 밀크 티로 많이 즐긴다.

즉 홍차 블렌드와 우유의 비율을 2대 1로 섞어서 마시는데, 이를 '쿠판 테Cupán Tae'라고 한다.

애프터눈 티 블렌드 (Afternoon Tea Blend)

여기서 애프터눈 티는 3단 스탠드에 각종 페이스트리와 홍차를 곁들이는 문화가 아니고 아침에 마시는 브렉퍼스트 티와 상대되어 오후에 마시는 티를 가리킨다. 애프터눈 티는 오후에 지친 심신을 편안하게 하여 하루 일과를 잘 마무리할 수 있도록 마시는 것이다.

따라서 애프터눈 티 블렌드는 몸과 마음이 편안해지도록 멀티 오리진 블렌딩을 통해 향미가 산뜻하고 부드럽게 만든다.

향미가 강하지 않은 중국 기문 (祁門, Keemun) 홍차와 실론의 홍차들로 많이 구성된다. 또한 과일이나 꽃을 블렌딩하여 '플레이버드 티Flavored Tea'로 즐기는 경우도 있다.

대표적인 것이 클래식 블렌드인 '얼 그레이'이다.

얼 그레이 (Earl Grey)

얼 그레이는 세계에서 가장 유명한 플레이버드 티 Flavored Tea**이다.**

1830년대 영국 총리를 지냈던 찰스 그레이 2세 Charles Grey II, 1764~1845 **백작에 의해 탄생하였다.**

그레이 가문의 공식 기록에 따르면, **중국 외교관**이 그레이 가문의 고향인 잉글랜드 북동부 노섬블랜드주Northumberland **호윅홀**Howick Hall 지방의 경수에 맞춰 특별히 블렌딩하여 준 선물로 소개한다.

즉 경수의 물로 티를 우릴 때 향미의 균형을 맞추기 위해 중국 측에서 시트러스계 과일의 껍질을 블렌딩하였다는 것이다.

얼 그레이는 전통적으로 기문 (祁門, Keemun) **홍차를 베이스로 시트러스계의 열대 과일인 베르가모트 오렌지**Bergamot Orange**의 껍질이나 그 껍질로부터 추출한 에센셜 오일을 착향제로 넣어 블렌딩된다.**

기본적으로 우유 없이 스트레이트 티로 즐긴다.

그런데 오늘날에는 매우 다양한 풍미의 얼 그레이들이 판매되고 있다.

풀 바디감의 아삼 홍차에 다르질링, 실론 홍차를 블렌딩한 뒤 **베르가모트 착향제**를 넣거나 훈연향이 강한 **정산소종 = 랍상소총**Lapsang Souchong을 블렌딩하거나, 녹차나 우롱차와 같은 티를 블렌딩한 제품들도 있다.

영국의 유명 티 브랜드 포트넘 앤 메이슨에서 선보이는 애프터눈 블렌드 (왼쪽)와
위터드 오브 첼시의 애프터눈 티 (오른쪽)

 5. 홍차를 우리는 방법

 홍차를 우리는 다양한 도구

홍차는 오늘날 전 세계적으로 물 다음으로 많이 마시는 음료에 속한다.
간단하게 티백으로 우려내 먹기도 하지만, 티 전문점이나 일반 가정에서는 홍차의 도구들을 사용하여 고품질의 잎차Loose Leaf를 우려내 여러 사람들과 함께 마시기도 한다.
이때 홍차의 도구들은 홍차의 향미에 매우 큰 영향을 주기 때문에 티의 종류에 맞게 잘 골라야 한다. 또한 티타임에서 홍차의 도구가 시각적인 아름다움도 더해 준다면 홍차의 향미는 더욱더 빛날 것이다.
여기서는 홍차를 우릴 때 필요한 일반적인 도구들을 간략히 소개한다.

케틀 (Kettle)/주전자

주전자는 물을 끓이는 도구이다. 이 주전자는 오늘날 다양한 재질로 생산되고 있다. **재질로는 철, 구리, 스테인리스, 유리 등이 있다.**
물을 끓이는 주전자도 홍차의 찻빛과 향미에 영향을 준다.
예를 들면 철제 주전자로 물을 끓이는 경우 미네랄 성분이 나오면서 홍차에 든 폴리페놀 성분들과 결합하여 찻빛과 향미에 영향을 주는 것이다.
반면 유리, 스테인리스, 구리 재질 주전자로 끓인 물은 찻잎의 성분과 화학 반응을 일으키지 않아 찻빛과 향미가 변하지 않는다.
또한 주전자는 재질의 열전도율에 따라 물이 끓는 속도와 식는 속도가 저마다 다르다. 이러한 이유로 오늘날에는 물을 급속히 끓이거나 온도 센서가 달려 물의 온도를 일정하게 유지할 수 있는 전기 포트Electric Kettle도 많이 사용하고 있다.

전기 포트

티포트 (Teapot)/찻주전자

티포트는 홍차 찻잎을 직접 넣어서 우리는 용기이다.

티포트도 오늘날 다양한 재질이 사용되고 있으며, 티의 본고장인 중국에서 유래한 자기나 도기를 비롯하여 은, 유리, 도자기에 소 뼛가루를 넣은 본차이나 등 다양하다.

이러한 티포트는 일반적으로 찻잎의 성분과 반응하지 않는 중성 재질이 대부분이며, 도자기, 유리가 대표적이다. 은제 티포트는 17세기부터 영국 상류층에서 사용되었지만 중국 도자기가 전해지면서 점차 대체되었다.

한편 티포트의 용도는 홍차가 잘 우러나도록 하는 것인 만큼, 티포트가 갖추어야 할 기본적인 요건이 있다.

유리 티포트 자기 티포트 도기 티포트, 자사호(紫沙壺)

(1) 보온성

홍차의 향미와 유효 성분이 우러나기 위해서는 비교적 높은 온도가 요구된다. 보통 약

95~98도 전후로 찻잎을 우려야 제대로 향미를 즐길 수 있다.
따라서 홍차를 직접 우리는 티포트는 보온성이 좋아야 한다.
금속과 같이 열전도율이 높은 재질은 물이 빨리 식기 때문에 좋지 않다.
반면 열전도율이 낮은 도자기나 유리 재질의 티포트는 물의 온도가 우리는 시간 (보통 3분) **동안 비교적 일정하게 유지되기 때문에 홍차를 우리는 데 적합하다.**

(2) 추출성

홍차의 찻잎은 뜨거운 물을 부었을 때 **찻잎이 빨리 풀어져야** 향미와 유효 성분이 제대로 우러나온다.
따라서 홍차를 우리는 티포트는 찻잎이 풀어지기에 충분한 공간이 필요하다.
또한 건조된 홍차 찻잎에 뜨거운 물을 부으면 대류 현상으로 인하여 홍차의 찻잎이 수면 위로 떴다가 가라앉는 운동을 반복한다. 이를 '**점핑**Jumping'이라고 한다.
이 점핑으로 찻잎이 풀리면서, 홍차의 향미와 유효 성분이 잘 우러나오며, **이러한 점핑은 티포트의 내부 공간이 둥근 모양에서 가장 잘 일어난다.**
따라서 홍차를 우리는 티포트를 구입할 때는 내부 구조가 비교적 크고 둥근 모양인 것을 선택하는 것이 좋다.
그 밖에는 홍차 찻물이 나오는 부위인 주둥이가 짧을수록 좋다.
주둥이가 길면 그 내부에 찻물의 때가 끼면서 새롭게 우린 홍차를 찻잔에 부을 때 향미에 영향을 주기 때문이다. 또한 주둥이가 짧은 것이 그 속에 남아 있는 찻물의 성분들을 세척하기에도 편리하다.

유리 티포트에 홍차를 우린 모습

티컵 (Teacup)/찻잔

일반적으로 홍차의 찻잔은 홍차의 찻잎 성분과 화학 반응을 일으키지 않고 열전도율이 낮아 물이 쉽게 식지 않는 도자기나 유리 재질의 것이 좋다.
이러한 재질의 찻잔에 찻물을 따라서 마셔야 홍차 본연의 향미를 제대로 느낄 수 있다.

(1) 바닥이 얕고 입구가 넓어지는 찻잔

찻잔의 바닥이 얕으면 찻잔 바닥에서 반사되는 빛으로 인해 홍차의 투명하고도 아름다운 찻빛을 즐길 수 있다.
그리고 입구가 가장자리로 갈수록 넓어지면 향의 확산이 잘 일어나 미묘한 향까지도 제대로 느낄 수 있다. 이 찻잔으로는 향이 풍부한 홍차를 따라서 마시는 것이 좋다.
한편 티는 시간이 지나면서 식는 도중에 떫은맛이 자연스럽게 증가한다.
가장자리의 입구가 넓은 찻잔은 찻물이 공기와 접촉하는 표면적이 넓어 빨리 식어 떫은맛이 더 빨리 나타난다. **떫은맛이 나는 유형의 홍차는 피하는 것이 좋다.**

(2) 바닥이 깊고 입구가 일정한 찻잔

바닥이 깊고 가장자리의 입구가 일정한 찻잔은 찻물에 든 방향성 성분의 확산 속도가 느려서 향을 오랫동안 가두어 둘 수 있다. 또한 가장자리가 넓어지는 찻잔보다는 공기와 접촉하는 표면적이 적어 쉽게 식지 않아 떫은맛도 비교적 느리게 나타난다.
따라서 본래 떫은맛이 나는 유형의 홍차를 마실 때나 향을 비교적 밀도 있게 즐기고 싶을 때 추천된다.

왼쪽은 폭이 일정한 찻잔, 오른쪽은 가장자리 폭이 벌어지는 찻잔

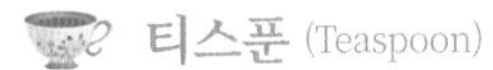

티스푼 (Teaspoon)

티스푼은 찻잎이 든 상자나 캔에서 찻잎을 떠서 들어낼 때나 찻물에 설탕, 크림, 우유 등을 넣고 휘젓기 위하여 사용하는 도구이다.

티스푼의 기원인 '캐디 스푼Caddy Spoon'은 오직 찻잎을 보관하는 캐디에서 들어내는 용도로만 사용하였다.

영국 빅토리아·앨버트 박물관에 소장된 아름다운 캐디 스푼들

스트레이너 (Strainer)

스트레이너는 티포트에서 홍차를 우리고 남은 찻잎을 걸러 내는 거름망이다.

스트레이너는 찻잎 향미에 영향을 주지 않는 스테인리스, 도자기, 금, 은, 대나무 등이 있고, 스테인리스 스트레이너는 촘촘한 망으로 구성되어 잎차는 물론이고, 브로큰 등급의 CTC 홍차도 우릴 수 있다.

또 디자인 모양도 일반적인 형태인 원통형, 반구형, 볼Ball 형태 등 다양하게 판매된다.

다양한 모양의 티 스트레이너

타이머 (Timer)

타이머는 홍차의 찻잎을 우리는 시간을 재기 위한 도구이다.

모래시계를 비롯하여 시중에 판매되는 소형 전자 타이머를 많이 활용하고 있다.

왼쪽은 모래시계 티 타이머, 오른쪽은 전자식 티 타이머

계량스푼 (Measuring Spoon)

계량스푼은 찻잎을 계량할 때 사용한 도구로서, **온스oz나 밀리리터mL 단위가 새겨진 다양한 크기의 스푼들이 고리에 함께 달려 있다.**

일상에서는 계량스푼을 사용하지 않고 그냥 티스푼으로 찻잎을 떠서 전자저울 위의 계량 접시에 담아 곧바로 무게를 재는 경우가 많다.

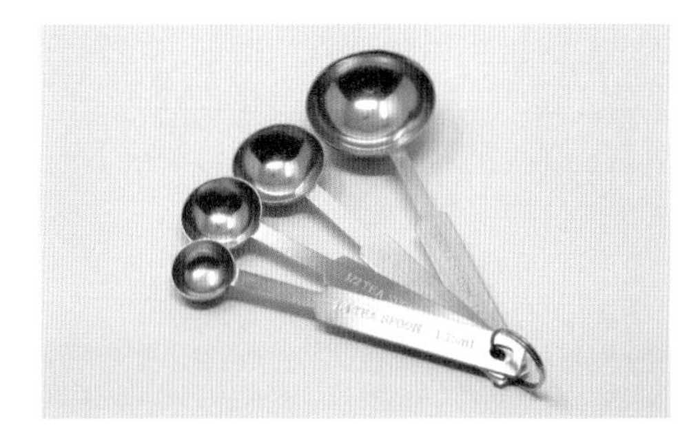

다양한 용량의 티 계량 스푼

전자저울 (Electronic Scale)

전자저울은 홍차 찻잎의 무게를 재는 도구이다.

보통 계량 접시를 전자저울에 올리고 영점으로 세팅한 뒤 그 위로 찻잎을 놓아 무게를 잰다.

찻잎 계량에 많이 사용되는 전자저울

티코지 (Tea Cozy)

티코지는 홍차를 티포트에 넣어 우리는 동안 티포트의 온도가 내려가지 않도록 보온하는 일종의 덮개이다.

이는 일정한 온도를 유지하여 점핑을 지속시켜 홍차의 찻잎에서 향미나 유효 성분이 잘 우러나도록 하기 위함이다.

티 코지를 씌운 티포트의 모습

티 타월 (Tea Towel)

티 타월[Tea Towel]은 젖은 다기들을 닦는 일종의 수건이다.

동양의 다도에서는 다건에 해당한다.

멋진 디자인의 티 타월은 종종 애프터눈 티 테이블에 놓여 티타임을 화려하게 장식하기도 한다.

티 테이블을 장식하는 티 타월

홍차를 우리는 테크닉

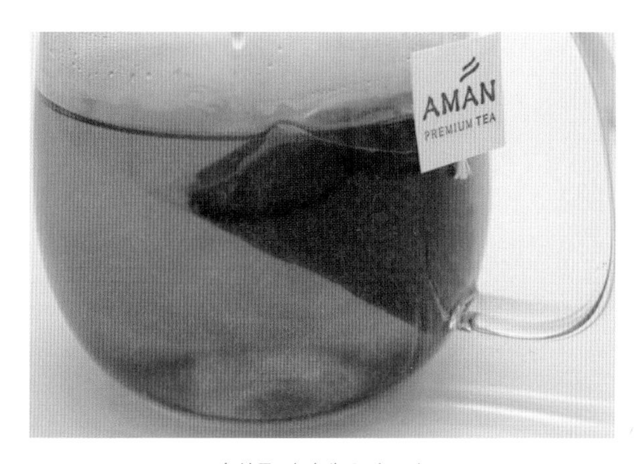

홍차를 맛있게 우린 모습

홍차를 맛있게 우리는 방법은 홀 리프, 브로큰, 더스트와 같이 등급에 따라 다르겠지만 일반적으로 홍차 본연의 찻빛, 향, 맛이 잘 발현되도록 하면 된다. 그러기 위해서는 홍차 찻잎의 이해를 바탕으로 물의 수질, 우리는 물의 온도, 물의 양, 찻잎의 양, 우리는 시간 등을 잘 조절해야 한다.

여기서는 각 요소에 따라 홍차를 맛있게 우리는 기본적인 방법에 관하여 간략히 소개한다.

물의 수질

홍차를 비롯하여 모든 티의 색(色), 향(香), 미(味)는 물에 크게 영향을 많이 받는다. 역사적으로 수질에 맞는 홍차를 개발하기 위하여 **'블렌딩**Blending'이라는 기술이 개발되었을 정도로 **물의 수질**은 홍차를 우릴 때 중요하게 고려해야 할 요소이다.

특히 홍차는 경수로 우리면 혼탁도가 증가하여 본연의 색상인 붉은 찻빛이 진해지고, 떫은맛이 줄어드는 경향이 있다.

반면 **연수**로 우리면 붉은 찻빛은 맑고 투명해지는 대신에 **떫은맛**과 **향**이 강해진다.

따라서 우려내려는 홍차가 다르질링과 같은 홀 리프 등급의 고품질 홍차일 경우에는 일반적으로 연수로 우리면 좋다.

반면 몰티 향이 강하고 떫은맛이 있는 **아삼 CTC** 홍차라면 **경수**로 우려내야 본연의 찻빛과 향미를 제대로 맛볼 수 있고, 또한 **밀크 티로 사용하기에도 적합한 것이다.**

경수(왼쪽), 연수(오른쪽)로 우린 홍차의 찻빛 차이를 알 수 있는 테일러스 테스트(Taylors Test)

찻잎과 물의 비율

홍차의 농도는 일반적으로 찻잎과 물의 비율로 결정된다.

물의 양에 비하여 찻잎의 양이 너무 많거나 적으면 향미가 너무 진하거나 옅어서 홍차 본연의 제 향미를 느끼지 못할 뿐만 아니라 불쾌감마저 드는 경우가 있다. 따라서 홍차를 우릴 때 찻잎과 물의 비율은 아주 중요하다.

홍차마다 약간의 차이는 있지만, 홀 리프 등급의 홍차 찻잎과 물의 비율을 1티스푼(tsp/보통 3g)에 물의 양을 8~10온스 (236~295mL)로 권장하고 있다.

• 홀 리프 등급 홍차 찻잎과 물의 비율

티스푼 (tsp)	찻잎의 양	물의 양
1~2tsp	3g	236mL
2~3tsp	6g	473mL
4~5tsp	9g	709mL
5~6tsp	12g	946mL
10~11tsp	24g	1892mL
11~12tsp	27g	2120mL
13~14tsp	30g	약 2.5L
16~17tsp	36g	약 2.8L
20~22tsp	48g	약 1갤런(gal)

* 미국 도미니언티닷컴(dominiontea.com) 자료 참조

물의 온도

일반적으로 홍차를 우릴 때는 물을 100도로 완전히 끓인 뒤 약 95~98도의 물로 우리는 것이 적당하다.

단 인도의 다르질링 홍차는 어린 새싹으로 만들기 때문에 일반 홍차보다 더 낮은 약 85~90도의 온도로 우리는 것이 좋다.

차의 향미를 최고로 끌어내기 위해서는 물에 산소가 충분히 있어야 한다.
따라서 한 번 100도로 끓인 물을 다시 끓이면 용존 산소가 줄어들어 홍차를 우려내어도 점핑이 제대로 일어나지 않아 최고의 향미를 내기가 어렵다.

점핑 (Jumping)

홍차에서 향미 성분과 유효 성분은 이 점핑 과정에서 우러나온다.
찻잎에 뜨거운 물을 부으면 물속에 든 용존 산소가 기포가 되어 찻잎의 표면에 달라붙어 함께 수면으로 떠올랐다가 기포가 터짐과 동시에 찻잎이 다시 물속으로 가라앉는 과정이 물의 열 대류 현상에 의하여 반복되는 것이다.

일정 시간이 지나면 대류 현상이 일어나지 않고 찻잎도 가라앉게 된다.
그 과정 속에서 찻잎에 함유된 성분들이 침출되는데, 결국 홍차의 향미를 제대로 즐기려면 점핑이 활발히 일어나도록 해야 한다.
점핑 과정이 활발히 일어나기 위해서는 무엇보다도 물에 용존 산소량이 많아야 한다. 따라서 홍차를 우릴 때는 반드시 용존 산소량이 많은 신선하고 차가운 물로 끓여서 사용해야 한다. 티에서 물의 중요성을 다시 한 번 더 상기시키는 요소이다.

우리는 시간

홍차는 홀리프 등급Whole Leaf이 브로큰Broken 등급보다 우리는 시간이 길어야 한다.
브로큰 등급은 찻잎이 분쇄되어 물과의 접촉 면적이 넓어 홍차의 향미 성분이 빨리 침출되는 반면, 홀 리프 등급은 찻잎이 펼쳐지는 데 시간이 더 걸리기 때문이다.
보편적으로 홍차는 3분 정도 우린 후 찻잎을 물과 분리시키는 것이 중요하다.

찻잎은 적당 시간 이상을 초과하면 떫은맛 성분인 타닌의 함유량이 늘어나 홍차의 맛이 전체적으로 떨어지면서 홍차 본연의 맛과 향을 느낄 수 없다.
이는 홍차뿐만 아니라 녹차, 백차, 황차, 청차(우롱차), 보이차(흑차)도 마찬가지이다.

6. 홍차를 맛있게 먹는 방법

클래식 브리티시 스타일, 밀크 티 (Milk Tea)

밀크 티의 기원과 전파

오늘날 밀크 티의 기원지는 티Tea에 유제품을 넣어 마시는 풍습이 있는 중국 티베트 지방인 것으로 보고 있다.
이곳 장족(藏族) 사람들은 찻잎을 끓인 물에 소나 염소의 젖으로 만든 버터와 소금, 참깨 등을 넣어 '버터 티Butter Tea'로 마시는데, 이것이 '밀크 티Milk Tea'의 기원이라는 것이다. 이 버터 티는 보통 '수유차 (酥油茶)'라고 한다.

이같이 음료에 유제품을 넣어 마시는 풍습이 고대 무역로인 '차마고도 (茶馬古道)'와 '실크로드Silk Road'를 통해 인도, 파키스탄 등의 나라로 전파되었는데, 이렇게 탄생한 음료가 고대 마살라 차이Masala Chai이다.

고대 마살라 차이는 허브, 향신료를 우려서 먹거나 거기에 유제품 (우유)을 함께 넣어 끓여서 먹는 음료이다.

인도에서 허브, 향신료, 우유에 홍차를 넣고 끓여서 먹는 오늘날의 차이 티Chai Tea가 탄생한 것은 한참 뒤의 일이다.

역사적으로 전해지는 **밀크 티**의 이야기를 정리해 보면, **17세기 티Tea는 네덜란드 동인도 회사를 통해 처음으로 유럽에 전해지게 되며, 당시 부의 상징이기도 했고, 음료가 아닌 약으로 생각했기 때문에 귀족들은 티를 마시기 시작한다.**

그때 프랑스 귀족 사블리에르Sablière 부인이 티에 우유를 넣어 처음 마셨다는 기록이 남아 있고, 파리의 티 살롱에서는 종종 티와 함께 우유가 제공되었다는 이야기도 있다.

이후, 19세기 영국의 식민지로서 인도에서 홍차가 생산되면서 인도의 일반 서민들도 **마살라 차이**에 **아삼 홍차**를 함께 넣어 마시면서 오늘날의 **차이 티**가 등장한다.

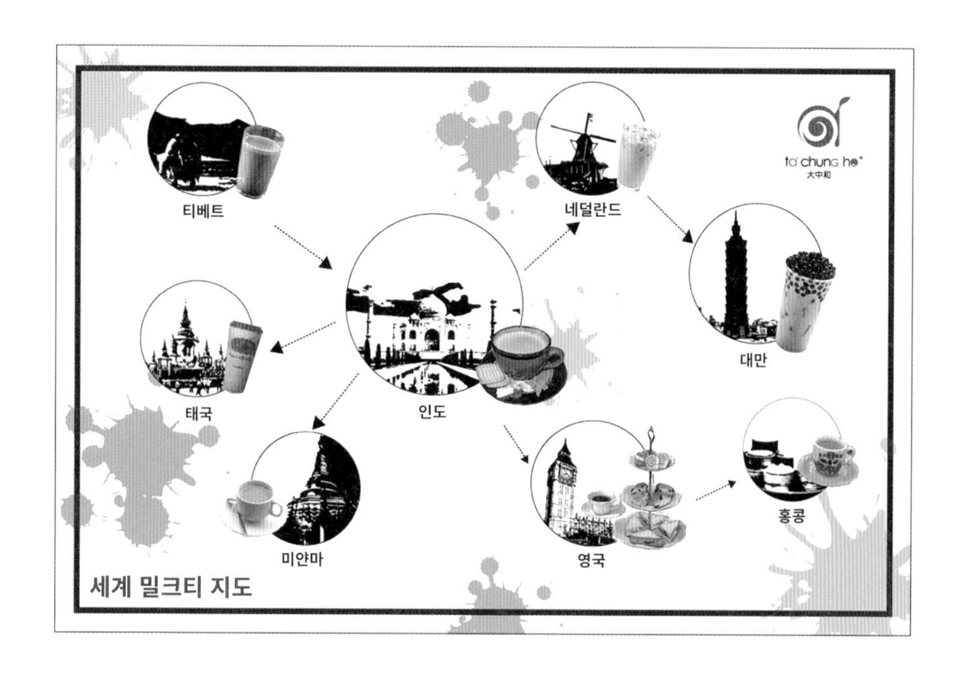

클래식 브리티시 스타일, '티 위드 밀크 (Tea With Milk)'

19세기 인도, 스리랑카에서 홍차가 생산되기 시작하면서 영국에는 홍차의 수입량이 늘고, 또 한편으로는 우유가 살균되어 일반 가정으로 보급되기 시작하면서 중산층의 사람들도 밀크 티를 마실 수 있게 되었다.

홍차와 우유가 보급되기 전까지 영국의 일반 사람들은 맥주 '에일Ale'을 주로 마셨다. 그런데 오늘날 우리가 알고 있는 **브리티시 스타일의 밀크 티**의 탄생 배경에는 여러 설이 있는데, 그중 하나는 다음과 같다.

일반 서민들이 사용하고 있던 컵(잔)이 당시 **상류층**에서 사용하는 **도자기**처럼 **내열성이 강하지 못하여** 뜨거운 내용물을 담으면 그 열기를 견디지 못해 **깨진 것**이다. **그로 인해 사람들은 컵이 깨지는 것을 막고 홍차에 단맛을 더하기 위하여 우유를 먼저 넣어 마시면서 오늘날의 밀크 티가 탄생하였다는 것이다.**

이러한 배경으로 **영국**에서는 인도의 차이 티와는 달리 향신료를 넣지 않고 **설탕**이나 **꿀**을 넣어 마셨다. **브렉퍼스트 티의 베이스를 이루는 아삼 홍차의 떫은맛과 약간 쓴맛을 단맛의 우유나 설탕 등을 넣어 맛의 균형을 잡기 위해서였다.** 영국에서는 그런 '밀크 티'를 '**티 위드 밀크**Tea With Milk'라고 한다.

오늘날에도 몰티Malty 향이 풍기면서 강한 맛을 특징으로 하는 아삼 홍차를 베이스로 하는 브렉퍼스트 티 (잉글리시, 스코티시, 아이리스)들은 보통 우유와 함께 제공되어 사람들이 밀크 티로 마시는 경우가 많다.

영국 정통 스타일의 티 위드 밀크

홍차 논쟁의 시작, 'MIA' vs 'MIF'

홍차의 소비가 일반화되기 시작한 19세기 빅토리아 시대의 영국에서는 홍차를 맛있게 마시는 방법을 두고 논쟁이 벌어졌는데, 특히 전 국민이 브렉퍼스트 티로 만들어 마시는 밀크 티를 두고 의견 차이가 심하였다.

상류층의 사람들은 찻잔에 홍차를 먼저 붓고 우유를 넣어야 한다고 보았다 (MIA, Milk In After). 그래야만 우유의 양을 적당히 조절할 수 있고, 홍차의 향미도 떨어뜨리지 않는다고 본 것이다.

반면 **중산층의 사람들은 찻잔에 우유를 먼저 넣고 홍차를 부어야 맛이 좋다는 것이다** (MIF, Milk In First).

이러한 논쟁과 관련하여 정치 우화 소설 『동물농장Animal Farm』(1945), 미래 소설 『1984Nineteen Eighty Four』(1949)로 유명한 영국의 작가 조지 오웰George Orwell, 1903~1950은 **"찻잔에 홍차를 먼저 붓고 우유를 넣어야 우유의 양을 휘저어가면서 정확히 조절할 수 있으며, 반대로 하면 우유를 너무 많이 넣을 수 있다(MIA)"고 주장한 것이다.**

그 외에 트와닝스를 비롯하여 티 상인 업체들도 논쟁에 불을 붙였다.

영국의 대표 작가 조지 오웰의 부조상

이러한 홍차 논쟁은 약 100년이 넘게 진행되다가 21세기 초에 들어와 일단락되었다. 영국 왕립화학회 The Royal Society of Chemistry**에서 2003년에 밀크 티의 논쟁에 종지부를 찍는 연구 결과를 발표한 것이다.**

영국왕립화학회에서는 영국 잉글랜드의 러퍼버러 대학교Loughborough University의 화학 공학자 **앤드류 스테이플리**Andrew Stapley 박사의 연구 논문에 따라 "찻잔에 홍차를 먼저 넣고 우유를 넣으면 찻물 속에서 우유가 방울로 뭉치면서 고온에 노출되어 유단백질에 변성이 일어나 밀크 티의 맛이 떨어진다"고 발표한 것이다. 즉 **찻잔에 우유를 먼저 놓고 홍차를 넣어야 맛이 좋다는 연구 결론이다.**

이러한 발표는 공교롭게도 영국을 대표하는 작가이자 우유를 나중에 넣을 것을 주장한 조지 오웰의 탄생 100주년에 발표한 것이어서 영국 사회를 발칵 뒤집었다. **당시의 시대적 분위기는 '조지 오웰의 무덤에 침을 뱉었다'는 비판과 함께 '찻잔에 홍차를 먼저 붓고 우유를 부어 마시는 영국 국민의 절반을 상대로 전쟁을 선포했다'고 보는 격한 시각도 있었다.** 심지어 일부 물리학자들 중에서는 "우리가 믿고 있듯이, 화학자들은 늘 일을 더 복잡하게 만든다"고 비꼬았다.

그러나 **영국왕립화학회**는 **'찻잔에 우유를 먼저 넣고 홍차를 넣어야 맛이 더 좋다'**는 연구 결과를 공식 발표함으로써 지난 **100년간의 밀크 티 논쟁에 종지부를 찍었다.**

밀크 티에 어울리는 홍차

홍차에 우유를 부으면 자연히 홍차의 향미가 줄어든다.

따라서 밀크 티를 만들기에 좋은 홍차로는 강한 풍미의 것들이 좋다.

주로 홀 리프 등급보다 CTC 등급의 홍차가 사용된다.

대표적인 것이 영국의 브렉퍼스트 티에 베이스로 사용되는 아삼 CTC 홍차이다. 또한 아삼 CTC 홍차를 베이스로 하는 클래식 홍차 블렌드인 스코티시 브렉퍼스트, 잉글리시 브렉퍼스트, 아이리시 브렉퍼스트도 그 자체를 밀크 티를 우리는 데 많이 사용하고 있다. 물론 스리랑카의 우바Uva, 딤불라Dimbula, 케냐Kenya 홍차 등도 사용할 수 있다.

다음의 표는 영국 티인퓨전협회UK Tea Infusion Assosiation**에서 홍차의 종류와 우유의 조화 여부를 소개한 것이다.**

홍차의 종류	우리는 시간	우유와의 조화 여부
정산소종(正山小種) = 랍상소총(Lapsang Souchong)	2~3분	단품(O), 밀크 티(X)
다르질링(Darjeeling)	3~4분	단품(O), 밀크 티(X)
아삼(Assam)	3~4분	단품(O), 밀크 티(O)
실론 우바(Ceylon Uva)	3분	단품(O), 밀크 티(O)
실론 딤불라(Ceylon Dimbula)	3~4분	단품(O), 밀크 티(O)
케냐(Kenya)	3~4분	밀크 티(O)
얼 그레이(Earl Grey)	3~4분	단품(O), 밀크 티(O)

※ 자료 출처 : 영국티인퓨전협회(UK Tea Infusion Association)

찻잎과 홍차, 그리고 밀크티 테이스팅 모습

밀크 티에 어울리는 우유

영국은 찻잔에 홍차와 우유를 넣는 순서를 놓고 약 100년간의 논쟁이 벌어진 만큼 밀크 티를 마실 때도 사용하는 우유의 선택이 까다롭다.

영국 사람들은 미국 사람들처럼 홍차에 크림을 넣어 잘 마시지 않고, 우유를 넣어 마시는 풍습이 강하게 남아 있다.

그런 **영국에서는 살균 우유**Pasteurized Milk, **멸균 우유**Sterilized Milk **중에서 보통 일반 우유인 살균 우유를 주로 마시고, 그중에서도 고지방**High-Fat**이 아니라 저지방**Low-Fat **우유를 많이 마신다.**

영국 정통의 브리티시 밀크 티를 경험하고 싶다면, 저지방 살균 우유와 함께 즐겨 보길 바란다.

홍차와 우유의 비율

밀크 티에서 홍차와 우유의 비율은 개인적인 취향에 따라 많이 달라진다.

영국인들은 홍차에 우유를 살짝만 넣어 마시는 풍습이 있어 홍차에 대한 우유의 비율이 그다지 높지 않다. 일반적으로 브리티시 스타일 밀크 티에서는 홍차와 우유의 비율이 보통 80% 대 20% 정도 되는데, 이중 우유는 20%를 초과하지 않는 것이 보통이다.

홍차에 우유를 일정 비율로 넣는 모습

칼럼

영국왕립화학회의 완벽한 밀크 티를 위한 최종 레시피!

홍차 논쟁을 끝낸 영국 왕립화학회

영국왕립화학회The Royal Society of Chemistry**가 공개한 밀크 티를 완벽하게 우려내 마실 수 있는 최종 레시피를 소개한다.** 영국의 일반적인 물인 경수가 아니라 연수를 사용하는 것이 특징이다.

한편, 전통적인 방식을 중요시하는 영국인들 중에는 티포트를 전자레인지로 예열하는 화학자의 방식을 못마땅해하는 사람들이 많다는 사실도 알아 두자!

◆ 재료

 # 아삼 홍차 (잎차)

물 (연수)

 # 신선하고 차가운 우유

백설탕

◆ 준비물

 # 주전자

도자기 티포트

 # 도자기 머그잔

메시 티 스트레이너

 # 티스푼

전자레인지

◆ 방법

1. 주전자에 신선한 물(연수)을 넣고 끓인다.

2. 주전자에서 물이 끓기 전까지는 도자기 티포트에 물 ¼컵을 담아 전자레인지에 넣고 최대 전력으로 1분 동안 예열한다.

3. 머그잔 1컵당 찻잎 1티스푼을 기준으로 아삼 홍차(잎차)를 티포트에 넣는다.

4. ①의 끓는 물을 ③의 찻잎 위로 붓고 휘저어 준다.

5. ④를 약 3분간 그대로 두어 우린다.

6. 도자기 머그잔에 준비된 재료인 우유를 붓는다.

7. ⑤에서 우려진 아삼 홍차를 ⑥의 머그잔에 붓는다.

8. 백설탕을 취향에 맞게 ⑦에 적당량으로 넣는다.

9. ⑧에 든 밀크 티의 온도가 약 60~65도일 때 마신다.

인도의 마살라 차이 (Masala Chai)

남아시아인 인도에서는 수천 년 전의 고대로부터 아유르베다 의학 Ayurvedic Medicine**을 바탕으로 각종 허브와 향신료를 혼합하여 건강 음료로 마시는 문화가 발달해 왔다.** 이를 고대 '마살라 차이Masala Chai'라고 한다.

이때 '마살라Masala'는 다양한 허브와 향신료를 혼합한 것을 말한다.

그리고 **차이**Chai**는 힌디어에서 유래된 것으로서 '티**Tea**'를 뜻한다.**

따라서 마살라 차이는 향신료를 넣은 티 음료를 가리킨다. 따라서 이러한 마살라 차이는 인도를 비롯하여 **남아시아 각지에서 티 음료를 마시는 풍습**이 되었다.

고대 마살라 차이 (Masala Chai)

인도 고대 마살라 차이의 전통적인 재료에는 카르다몸Cardamom, 시나몬Cinnamon, 클로브Clove가 있다.

이때 시나몬은 중국의 '육계*Cinnamomum cassia*'가 아니라 보통 '실론 시나몬*Cinnamomum zeylanica*'을 가리킨다.

마살라 차이는 이러한 기본 재료에 고대 전통 의학인 아유르베다 의학의 관점에서 자신의 체질과 건강 상태에 맞게 진저 Ginger**, 페퍼**Pepper**와 같은 다양한 향신료들을 블렌딩해 마시는 것이다.**

마살라 차이에 사용되는 다양한 향신료들

현대의 마살라 차이, '블랙 차이 (Black Chai)'

한편 시간이 점차 흐르면서 **인도에서는 전통 음료인 마살라 차이에 홍차와 우유, 설탕을 추가해 끓여서 마시는 문화가 생겨났다.**

19세기 인도에서는 차나무의 재배가 급속히 늘어나고, **20세기 초인 1930년대에는 CTC 방식이 개발되면서 홍차가 대량으로 생산되어 일반 서민들에게도 즐길 수 있게 되었다.**

그로 인해 음료를 마시는 방식에도 새로운 풍습이 생겼는데, **물, 우유, CTC 홍차** (보통 아삼) **찻잎, 설탕을 함께 넣어 끓여서 먹거나, 여기에 마살라 차이의 허브나 향신료를 첨가해 끓여 마시는 음료가 등장한 것이다.** 이는 기존의 음료에 '**홍차**Black Tea'가 들어갔기 때문에 '**블랙 차이**Black Chai'라고 한다.

이 블랙 차이와 영국 정통의 클래식 브리티시 밀크 티와의 재료에서 큰 차이점은 **향신료**가 들어가고, 우유와 물의 비율에서도 브리티시 밀크 티에서는 우유의 양이 적게 들어가지만, **블랙 차이에서는 우유의 비율이 50% 이상을 차지**한다는 점이다.

일부 인도인들은 물을 전혀 넣지 않고 블랙 차이를 끓여 마시기도 한다.

인도 가정에서 흔히 만들어 마시는 블랙 차이

• **인도 블랙 차이** (Black Chai)**에 사용되는 재료들**

비고	홍차 (Black Tea)	허브 앤 향신료 (Herb & Spice)	우유 (Milk)	감미료 (Sweetener)
내용	· 종류 : 아삼(Assam), 다르질링(Darjeeling), 닐기리(Nilgiri) 등 · 등급 : 홀 리프 (전통 방식), CTC 등급 (더스트 등급)	· 그린 카르다몸 (Green Cardamom)(기본) · 진저 루트(Ginger Root) (기본) · 시나몬(Cinnamon)(기본) · 클로브(Clove)(기본) · 스타 아니스(Star Anise) · 펜넬 시드(Fennel Seed) · 너트메그(Nutmeg) · 바닐라(Vanilla) · 블랙페퍼(Black Pepper) · 툴시(Tulsi)/ 홀리바질(Holy Basil) · 민트(Mint) 등	물소 우유 (Water Buffalo Milk) *전유(Whole Milk)가 전통적으로 사용되지만, 탈지유 등도 사용할 수 있다.	· 비정제당 재거리 (Jaggery) · 설탕(Sugar) · 갈색 설탕 (Brown Sugar) · 데메라라 설탕 (Demerara Sugar) 등

블랙 차이를 맛있게 우리는 방법

인도 스타일의 블랙 차이를 만드는 전통적인 방식은 홍차 (잎차), **감미료** (설탕이나 꿀), **향신료를 물, 우유** (전유)**와 함께 끓여서 먹는 것이다.**

예를 들면, 홍차 (잎차), 시나몬, 카르다몸, 클로브를 일정량의 물과 우유와 함께 진하게 끓여서 약간 매콤한 향미로 즐기는 것이다.

그런데 블랙 차이를 만드는 방식은 인도 아대륙의 지역마다 그 재료의 구성에서 약간씩 차이를 보인다. 남인도 지역에서는 닐기리Nigiri 홍차를 사용해 오랫동안 끓이기 때문에 풀 바디감이 매우 강하다. 그 밖에 지역에서는 아삼 홍차가 주로 사용된다.

또한 **인도에서는 물과 우유의 비율도 1:1에서 3:1의 차이를 보인다.** 이는 사용하는 우유에 따른 것이다. **물과 우유의 비율이 보통 일반 레귤러 우유를 사용할 경우에는 1:1,** 물소의 진한 생우유Raw Milk를 사용할 경우에는 3:1로 맞춘다. **인도에서는 보통 물소의 생우유를 흔히 마시기 때문에 물과 우유의 비율이 3:1인 것이 일반적이다.**

그리고 감미료는 전통적으로 비정제당인 제거리Jaggery를 사용한다. 그 외에도 취향에 따라서 다양한 설탕을 사용할 수 있다.

한편 인도 정통 레스토랑이나 가정에서와 티 상인 **차이 왈라**Chai Wallar들이 블랙 차이를 만드는 방식은 각기 달라 향미의 특성도 다양하다. 이러한 인도를 방문해 경험해 본 사람이라면 아마도 블랙 차이의 특성에 대하여 한마디로 딱히 말할 수는 없을 것이다.

칼럼

인도 스타일의 마살라 차이 (블랙 차이) 레시피!

여기서는 인도의 마살라 차이 (블랙 차이)**를 준비하는 전통적인 방식을 소개한다.** 이때 홍차는 **강한 향미의 더스트**Dust **등급이나 시중에 판매되는 티백 3~4개를 우려내 사용해도 된다.** 홍차의 사용에서 주의해야 할 점은 홍차의 향미가 약하면 블랙 차이를 만드는 동안 그 향미가 사라져 홍차의 맛을 느낄 수 없다는 사실이다.

길거리 차 상인인 차이 왈라가 마살라 차이를 만드는 모습

◆ 재료(1컵 기준)

 # 홍차 :

· 아삼 CTC 홍차 1½~1¾tsp

 # 향신료 :

· 클로브 2~3개

· 시나몬 스틱 ½~¾

· 그린 카르다몸 4개

· 페퍼 콘 2개(선택 항목)

· 진저 가루 ½~¾tsp(선택 항목)

 # 물 1½~1¾컵

 # 우유 : 전유(또는 탈지유) 1컵

 # 감미료 : 설탕 3~4tsp

◆ 준비 도구

냄비

찻잔

스피이스 그라인더

스트레이너

◆ 방법

1. 향신료를 모두 스파이스 그라인더에 넣고 갈아서 고운 파우더로 만든다.
2. **냄비에 물 1½~1¾컵과 홍차, 그리고 ①을 넣고 강한 불을 가하여 끓고 나면 불의 세기를 낮춰서 약 2~3분간 우린다.**
3. 홍차와 진저 가루가 충분히 우러나오면, ②에 설탕 3~4tsp를 넣고, 우유 (전유) 1컵을 붓는다. 이때 취향에 따라 우유를 더 넣을 수도 있다.
4. **중간 불로 ③을 크림브라운의 색상이 나올 때까지 약 3~4분간 끓인다.**
5. 수면에 크림 층이 보이기 시작하면 불을 끈다.
6. **수프 국자로 냄비의 블랙 차이를 떠서 붓기를 반복해 크림 층을 모두 없앤다.**
7. ⑥을 스트레이너로 걸러서 찻잔에 붓는다.
8. **⑦을 비스킷과 함께 낸다.**

블랙 차이 (Black Chai) VS 차이 라테 (Chai Latte)

왼쪽은 블랙 차이, 오른쪽은 차이 라테

오늘날 블랙 차이 Black Chai**와 차이 라테**Chai Latte**가 같은 음료로 알고 있는 사람들이 많다.** 그러나 블랙 차이와 차이 라테는 재료가 같아도 만드는 방식이 다르기 때문에 맛과 향이 완전히 다른 음료이다.

블랙 차이는 향신료와 홍차, 우유를 함께 넣고 완전히 달인 음료로서 향신료와 홍차의 향미 그리고 우유의 향미가 완전히 융합되어 강하고 독특한 향미가 난다. 인도에서는 이 향미를 '카라크 Karak**', '카다크**Kadak**'라고 한다.**

반면 **차이 라테**는 **홍차, 향신료를 달인 뒤에 단순히 프로티 밀크**Frothy Milk**를 토핑으로 올린 것이기 때문에** 차이Chai에 우유 향Milky Aroma을 살짝 더한 것이다.

다양하게 우려낸 블랙 차이

 아메리칸 스타일 홍차, 아이스티 (Iced Tea)

오늘날 전 세계인들의 사랑을 받는 아이스티는 약 120년 전 미국에서 탄생하였다. 비록 미국에서 탄생하였지만, 최초로 아이디어를 떠올려 개발한 사람은 **영국의 티 상인인 리처드 블렌친든**Richard Blechynden, 1857~1940이었다.

리처드 블렌친든은 1904년 **미국 세인트루이스**St. Louis에서 개최된 **세계 박람회**World's Fair에서 **여름철에 인도 홍차의 판매가 부진하자, 인도 홍차에 얼음을 띄워 박람회에 온 사람들을 대상으로 건네면서 큰 인기를 끌어 탄생한 것이다.** 즉 아이스티의 탄생은 '차가운 홍차'로부터 시작된 것이다.

당시 홍차를 비롯하여 모든 티는 뜨겁게 마시는 것이 전통적인 양식이었지만, **실용주의적 성향이 강한 미국인들은 무더운 여름철 뜨거운 홍차를 마시기보다 시원한 홍차를 마시는 것을 더 선호한 것이다.** 미국에서는 차가운 홍차를 레모네이드와 섞어서 마시는 문화도 있고, 특히 남부에서는 홍차에 다량의 설탕을 넣고 얼음을 띄운 아이스티를 가족 모임이나 사교 행사에서 즐기는 독특한 문화도 있다.

이러한 아이스티는 전 세계로 퍼져 각지의 문화와 융합되어 독특한 양식으로 발전하였는데, **영국에서는 홍차에 얼음을 띄우고 레몬 조각을 곁들여 마시는 풍습이 강하고,** 일본에서 녹차를 차갑게 우리거나 얼음을 띄워 아이스티로 즐기는 문화가 있다.

미국에서 아이스티는 오늘날 베리에이션 Variation **기술과 접목되어 그 수요가 폭발적으로 성장하면서 전 세계인들로부터 수많은 사랑을 받고 있다.**

1904년 미국 세인트 루이스 세계 박람회 개막식

홍차에 레몬을 곁들인 아이스티

PART

2

인도 홍차의 역사

 1. 인도 홍차의 시작

인도 홍차의 역사는 19세기 초 중국과 영국의 티 무역 전쟁을 계기로 시작되었다.
당시 홍차의 소비가 많았던 영국이 중국 티 무역의 적자에서 벗어나기 위해 홍차 산지의 필요성을 느끼고, 인도에서 다원을 개척하면서부터 시작된 것이다.
대표적인 곳이 **다르질링**Darjeeling, **아삼**Assam, **닐기리**Nilgiri 지역이다.

 인도 홍차의 기원지, 아삼 (Assam)

인도 홍차의 역사는 인도 아대륙 **북동부 아삼 지역에서 우연한 계기로 시작**되었다. **1820년 영국 동인도회사 소속의 로버트 브루스**Robert Bruce, 1789~1824 소령이 인도로 파견을 나왔다가 **1823년 브라마푸트라강**Brahmaputra River 상류인 랑푸르Rangpur 지역에서 그곳 원주민인 **싱포족**Singpho의 족장을 만나 차나무일 것으로 추정되는 허브의 음료Herbal Drink에 대해 전해 듣고 묘목을 받기로 약속했지만, 아쉽게도 받을 수 없었다. 왜냐하면 1824년 로버트 브루스 소령이 병을 앓다가 세상을 그만 떠났기 때문이다.

그런 가운데 동생인 **찰스 브루스**Charles Alexander Bruce, 1793~1871가 형을 대신해 1825년 싱포족으로부터 차나무의 묘목을 받고 **캘커타**Calcutta(현 콜카타)에 있던 식물학자 **너대니얼 월리히**Nathaniel Wallich, 1786~1854 박사에 보내 차나무인지 확인을 요청하였다. **그런데 약 10여 년이 지나서야 새로운 변종의 차나무, 즉 아사미카 변종***Camellia sinensis* var. *assamica***임이 밝혀진 것이다.**

1834년 정원에서 실험적으로 재배한 차나무로부터 생산한 홍차 12박스를 1838년 선적하여 영국으로 보냈는데, 영국 티위원회 Tea Committee**에서 인정을 받고 1839년 영국 런던 경매장에서 중국 홍차와 다른 향미를 지닌 것으로 호평을 받으면서 처음 판매되었다. 인도 홍차의 새로운 여명기가 시작된 것이다.** 이를 계기로 **콜카타**에 **벵골티협회**Bengal Tea Association가 창설되고, 영국 런던에 **아삼 컴퍼니**ACIL, Assam Company India Limited가 처음 설립되었다.

FIRST SHARE CERTIFICATE

ASSAM COMPANY.

BENGAL BRANCH

ESTABLISHED IN 1839 UPON A CAPITAL

£ 1,000,000

We the undersigned Directors certify that [illegible] is the Registered Proprietor of ONE SHARE in this Company having paid in his First Contribution duly acknowledged at foot hereof — And that any Transfer of Right to this Share by Endorsement, must first be registered by the Secretary who will take the Engagement of such new Proprietor to abide by all Rules and Provisions of this Company before such transfer can be admitted as valid and complete.

Contributions paid —

First

Second

Third

Fourth

Fifth

인도 최초의 티 기업, 아삼 컴퍼니(ACIL)

아삼 다원을 방문한 홍차언니

산업 스파이, '로버트 포춘'의 숨은 활약

영국에서는 오래전부터 중국의 차나무 재배 기술과 홍차의 제다 기술을 알아내려는 수많은 노력을 기울여 왔다.

'세계 최초의 산업 스파이'로 불리는 플랜트 헌터Plant Hunter (식물 채집가) **로버트 포춘**Robert Fortune, 1812~1880**의 활약이 대표적이다.**

무이산으로 인력 가마를 타고 가는 로버트 포춘

스코틀랜드 식물학자인 로버트 포춘은 1848년부터 영국 왕립식물원에 소속되어 **왕립식물원장의 지시를 받아 상인으로 위장하여 중국 홍차의 발상지인 무이산**(武夷山) **일대에 잠입하였는데,** 당시 중국인으로 위장하기 위하여 변발과 청나라식 복장으로 변장하고 다녔다고 한다.

이때 로버트 포춘은 무이산 일대의 다원들을 돌아다니면서 홍차의 제다 과정을 조사하고, 샘플 차나무 약 2만 그루를 채집**하여 수십 명의 중국인 재배 기술자들과 함께 인도로 건너갔다.**

세계 3대 홍차, '다르질링'의 탄생

로버트 포춘이 밀수한 차나무 묘목들은 인도 캘커타의 티위원회에 의하여 다르질링 지역으로 보내졌다. **19세기 다르질링 지역은 영국의 상류층과 상이용사들을 위한 휴양지로 개발되고 있었다.**

그러던 중 이곳의 책임자이자 의사였던 아치볼드 캠벨 Archibald Campbell, 1805~1874 **박사가 해발고도 2100m인 쿠마온**Kumaon **지역에 캘커타 티위원회가 보내온 묘목과 종자로 차나무의 재배에 성공하였다.**
세계 3대 홍차, 다르질링Darjeeling이 탄생하는 순간이다.

다르질링 지역이 1853년부터 차나무의 재배가 적합하다는 보고를 받은 영국 정부는 상업용 다원들을 조성하기 시작한다.
이후 **1864년 전후에 다르질링 티컴퍼니**Darjeeling Tea Company를 설립한 뒤부터 오늘날의 수많은 다르질링 다원들이 탄생한 것이다.

인도 다르질링에 중국종의 차나무를 최초로 재배한 아치볼드 캠벨 박사

다르질링의 오렌지 밸리 다원
(Orange Valley Tea Estate)

다르질링 소레니 다원(Soreni Tea Estate)의 모습

 커피 농장이 초토화되어 탄생한 닐기리 홍차

인도 남부 지역인 닐기리는 19세기 영국 식민지 시대에 유럽인들의 여름 휴양지였다. 1823년 타밀나두주 Tamil Nadu **도시인 코임바토르**Coimbatore**의 관리자** 존 설리번John Sullivan**이 1820년 우타카문드시**Ootacamund**의 언덕 지대에 '휴양 단지'를 조성하면서 유럽인들이 거주한 것이다.**

그러한 배경으로 **마드라스주**Madras의 주지사인 **버킹엄 공작**Duke of Buckingham이 여름철에는 주정부 관청을 시원한 언덕으로 이주하는 관행을 시작하였다. **이 시대에 1853년 케티 밸리**Ketti Valley**에서 유럽인들이 실험 농장에 차나무를 심었는데, 육종에 최초로 성공하였다.**

1859년 티아숄라 다원 Thiashola Tea Estate, **둔산들레 다원**Dunsandle Tea Estate을 중심으로 닐기리 지역에서도 차나무를 본격적으로 재배하기 시작하여 **상업적인 규모의 첫 다원이 탄생하였다.**

이어 1863년 **코타기리**Kotagiri 지역에서는 **논서치 다원**Nonsuch Tea Estate이 차나무를 재배하기 시작하였고, 1869년에는 글렌모건 다원Glenmorgan Tea Estate이 인도 남부에서는 최초로 녹차를 생산하였다.

그런데 당시 닐기리 지역에서는 커피나무 재배가 우위에 있었는데, 당시 **잎마름병**Leaf Rust **으로 큰 피해를 입어 초토화되었다.**

이러한 배경으로 **1904년~1911년** 티의 가공 과정이 크게 발전하고 **차나무의 재배 면적도 급속히 확장**되었다. 1980년대부터는 차나무가 커피나무를 제치고 닐기리 지역의 대부분을 차지하게 된 것이다.

19세기 닐기리 최초로 조성된 유산인 논서치 다원

 유기농 티의 기획 산지, **시킴주**

시킴주는 인도 북동부 히말라야산맥 속에 자리한 해발고도 1000m~2000m의 천혜 자연경관으로 유명한 곳이다.

시킴주 다원의 역사는 시킴주 정부가 1969년 해발고도 약 1200m에 있는 영국인 선교사 숙소 인근에 다원을 건립한 것이 시초이다.

다원을 설립한 배경은 다르질링에서 재배되는 차나무를 이곳에서 옮겨 재배하기 위하여 기술을 전수하기 위한 것이었다.

이때 탄생한 다원이 오늘날 테미 다원 Temi Tea Estate**이다.**

2002년에는 해발고도 1000m~2000m인 지대에 시킴주에서 두 번째 다원으로 버미옥 다원Bermiok Tea Estate이 설립되었다.

테미 티 이사회 Tea Board of Temi에서는 시킴주의 다원을 IMO와 함께 100% 유기농 다원으로 인증을 받기 위하여 많은 노력을 기울였는데, **테미 다원은 2008년에, 버미옥 다원은 2016**

년에 100% 유기농 다원으로 인증을 받았다.

시킴주의 티들은 오늘날에는 인도 콜카타 경매소에서 매우 높은 가격으로 거래되고 있다.

• 인도의 재배 지역

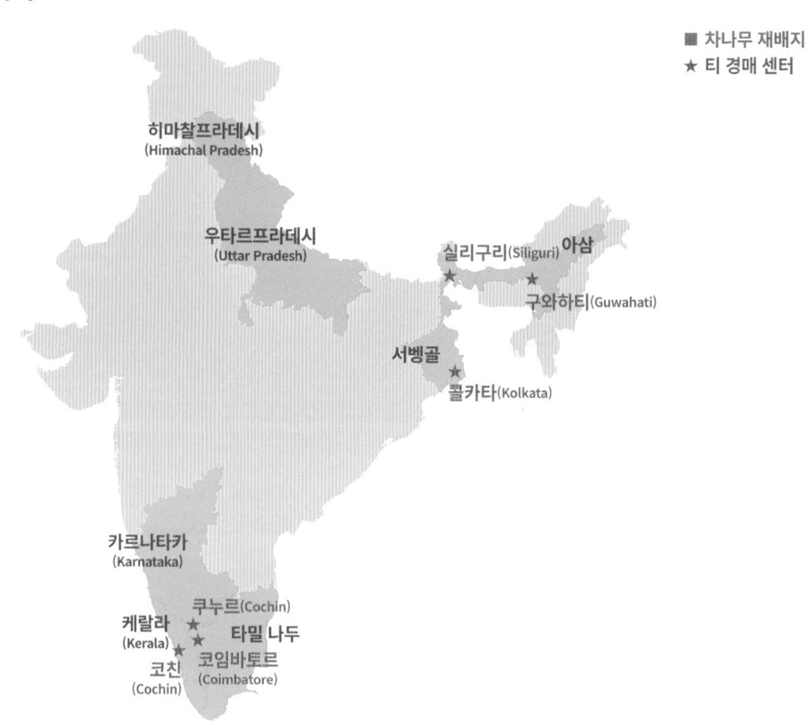

남인도 (South India)	
생산지	타밀나두(Tamil Nadu), 케랄라(Kerala), 카라나타카(Karnataka)
생산 시기	연중
재배 면적	11만 9,740ha
생산량	23만 2,000톤

서벵골 (West Bengal)	
생산지	다르질링(Darjeeling), 다아르스·테라이(Dooars and Terai)
생산 시기	4월~11월
재배 면적	11만 5,095ha
생산량	27만 6,000톤

아삼 (Assam)	
생산지	아삼 밸리(Assam Valley), 카크하르(Cachhar)
생산 시기	4월~11월
재배 면적	3만 2,214ha
생산량	58만 8,000톤

※ 자료 출처 : 인도티협회(India Tea Association)(2023)

북인도 (North India)	
생산지	트리푸라(Tripura), 아루나찰프라데시(Arunachal Pradesh), 히마찰프라데시(Himachal Pradesh), 우타르프라데시(Uttar Pradesh), 시킴(Sikkim), 마니푸르(Manipur), 나갈랜드(Nagaland)
생산 시기	지역마다 다르다
재배 면적	71만 3,769ha
생산량	16만 톤

인도 다르질링에서 북서쪽으로 보이는 높이 8478m인
세계 3위의 고봉 칸첸중가산(Kanchenjunga Mt.)

인도 다르질링에서도 유명한 해피밸리 다원(Happy Valley Tea Estate)의 전경

PART 3

다르질링 다원^{Darjeeling Tea Estate}의 홍차 이야기

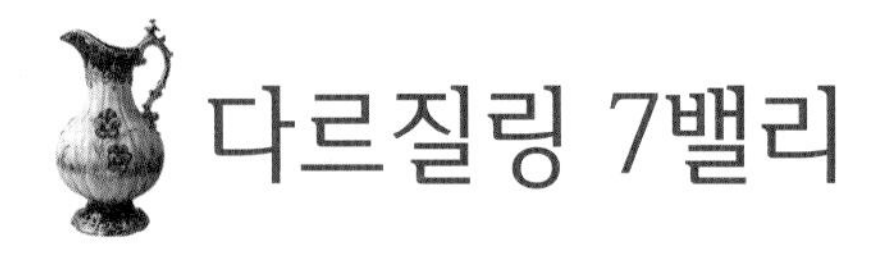

다르질링 7밸리

다르질링에는 1841년부터 **다르질링 다원**Darjeeling Tea Garden**들이** 본격적으로 조성되기 시작하였는데, 오늘날 **지리적 표시제**GI로 다르질링 홍차의 산지로 인증을 받는 다원들이 **87곳으로 지정**되어 있다.

이곳에서 생산된 다르질링 홍차는 오늘날에는 '세계 3대 홍차'로 평가를 받고 있다. 여기서는 다르질링 홍차의 요람인 다르질링 7밸리**의 유명 다원들에 숨은 흥미로운 에피소드들을 소개한다.**

칼럼

인도에서 '티 가든 (Tea Garden)'이란?

인도 다르질링에는 약 80여 개의 '티 가든 Tea Garden**'(우리말로 다원)이 있다. 이는 영국에서의 '티 가든'과는 전혀 다른 의미이다.** 영국에서는 흔히 **애프터눈 티**Afternoon Tea, 하이 티High Tea, **스페셜티 티**Specialty Tea 등을 사람들과 함께 즐기면서 한가로운 사교 시간을 가질 수 있는 공간을 의미한다.

반면 인도에서 티 가든 Tea Garden**은 흔히 '티 이스테이트**Tea Estate**', '티 플랜테이션**Tea Plantation**'이라고 부르기도 하는데, 영국에서의 의미와는 전혀 다르다.**

인도에서 티 가든은 차나무의 재배 면적이 보통 약 120~530ha에 달하고, 이른 아침부터 일하는 종사자들의 수가 수백 명에 달하며, 또한 그들의 가족들과 함께 거주하는 공간 형태로서 아이들까지 포함하면 수천 명이 거주하는 집단을 가리킨다. 여기에는 물론 학교 시설과 병원 시설 등 사회적인 기반 시설까지 갖추고 있는 경우가 많다.

1. 미릭 밸리 (Mirik Valley)

미릭 밸리는 서벵골주 다르질링 구역 Darjeeling District**에 자리한 조그만 도시이다. 다르질링 시로부터 약 47km 거리에 있다. 미릭**Mirik이라는 지명은 원주민인 **렙차족**Lepcha의 언어인 '**미르-요크**Mir-Yok'에서 유래되었으며, '화재로 소실된 장소'를 뜻한다. **오늘날에는 이곳에 있는 일곱 곳의 다원과 미릭 호수**Mirik Lake**로 인해 관광 명소로 새롭게 떠오르고 있다.** 여기서는 몇몇 다원들의 탄생에 얽힌 재미있는 이야기들과 함께 그곳의 홍차들을 소개한다.

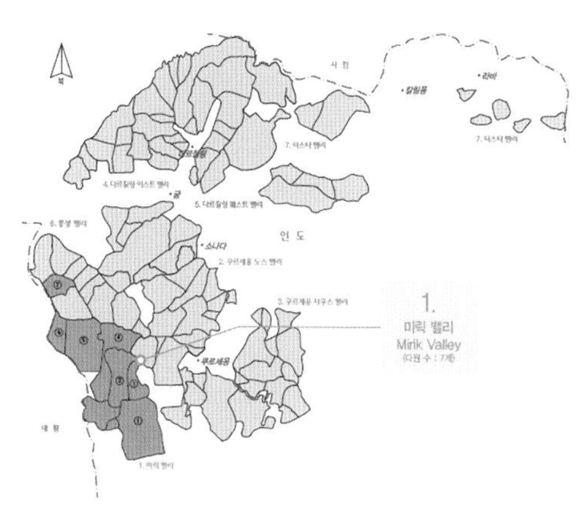

다원에서 찻잎을 수확하는 모습

유명 관광지인 미릭 레이크

다르질링 최대 규모 다원,

가야바리·밀릭통 다원 Gayabaree and Millikthong Tea Estate

소 유 : 바가리아 그룹 (Bagaria Group)
티품질 : Organic, HACCP, Rainforest Alliance, ETP

가야바리·밀릭통 다원의 전경과 블랙 펄(Black Pearl) 홍차

이 다원은 가야바리 다원과 밀릭통 다원이 통합된 것이다.
다르질링에서도 가장 큰 다원으로서 매우 중요하다. 쿠르세옹시Kurseong로부터 15km 거리에 있다. '가야바리Gayabaree'는 네팔어로 '외양간'이라는 뜻이다. 최근에는 노차수들이 어린 차나무로 점진적으로 교체되었고, 그중 중국 차나무China Bushes인 시넨시스 변종*C.S. var. Sinensis*이 다수를 차지하고 있다. **해발고도 500m~1500m의 고지대이지만, 수확이 비교적 빠르다.**
퀄리티 시즌은 봄, 여름, 몬순, 가을이며, 특히 이른 봄에 출시되는 **다르질링 퍼스트 플러시** Darjeeling First Flush는 **맛이 신선하고,** 향은 **꽃향기가 풍부**하기로 유명하다.
오리지널 다르질링 홍차의 맛을 그대로 유지하기 위하여 다원 설립 초기 무렵부터 사용해 온 제다 설비들을 지금도 사용하고 있다고 한다.
또한 이 다원은 **일본에서 인기가 높은** 홍차인 '**블랙 펄**Black Pearl'을 생산하는 데 특화되어 있다. **블랙 펄에서는 가야바리·밀릭통 다원 홍차**의 전형적인 특징인 **스파이시 향미**Spicy Flavor**를 내기 위하여 찻잎을 굉장히 주의해서 가공하고 있다.**

약 120년 역사의 다원 휴양지,

소레니 다원 Soureni Tea Estate

소 유 : 티타가르 웨이건스 (Titagarh Wagons Ltd)
티품질 : Organic, HACCP

부티크 호텔로 운영되는 소레니 다원 방갈로와 다원에서 여성들이 수확하는 모습

네팔의 유명한 지역 장관이었던 닥만 라이 Dakman Rai**가 19세기에 다르질링에서 다원들이 초기에 건립될 무렵 영국 정부로부터 광활한 면적의 대지를 받으면서 역사가 시작되었다.** 닥만 라이의 아들인 **보지트 라이**Bhoujit Rai가 이곳에 '**사우르**Saur'라는 품종의 차나무를 처음 심었다. '소레니Soureni'라는 이름은 다르질링 언덕에서 자생하는 약용 식물의 이름인 '소르Sour'와 여왕을 의미하는 용어인 '라니Rani'가 합성된 것이다. 그 뒤 **1902년** 람랄·잘루람 티와리 형제Ramlal and Jalooram Tiwari가 이곳의 대지를 인수한 뒤 다원을 공식적으로 조성하였다. **약 120년 역사를 자랑하는 이 다원에서는 오늘날에도 100% 유기농 티들을 생산하고 있다.** 특히 퍼스트 플러시, 세컨드 플러시의 고품질 스페셜티 티는 매우 유명하다. **또한 천혜의 자연경관이 훌륭하고 희귀종, 멸종위기종 등 다양한 동식물들이 분포하여 휴양지, 관광지로 인기가 높아** 다원 방갈로는 현재 부티크 호텔로서 운영되고 있다.

다르질링 퍼스트 플러시 소레니(Darjeeling First Flush Soureni) SFTGFOP1

100% 유기농 다원,

싱불리 다원 Singbulli Tea Estate

소 유 : 자이슈리 티 앤 인더스트리 (Jay Shree Tea & Industries Ltd)
티품질 : Organic, HACCP, Fairtrade

싱불리 다원 표지판과 다원에서 인부들이 수확하는 모습

싱불리 다원의 역사는 약 100년 전으로 거슬러 올라간다. **1924년 영국인 재배자가 처음으로 조성하였다.** 이 다원은 **싱불리**Singbulli, **만자**Manja, **팅링**Tingling, 그리고 **무르마흐**Murmah의 **4개 구역**으로 나뉜다. 이 다원은 차나무들이 질병에 걸리는 등 한때 황폐화된 상태였지만 2003년도에 티 전문 업체인 **자이슈리 티 앤 인더스트리**Jay Shree Tea & Industries Limited가 인수 및 운영하면서부터 정상화되었다. **오늘날 이 다원은 품질 관리가 엄격하고, 다원 관리도 철저한 것으로도 유명하다.** 특히 수백 그루의 소나무를 비롯하여 콩과 식물들, 키가 높고 낮은 **다양한 관목들도 무성하다.** 이로 인해 주변의 자연경관은 숨이 막힐 정도로 아름답다. **유기농 티를 비롯하여,** SFTGFOP1 등급**의** 루비Ruby, 클로널 플라워리Clonal Flowery, **그리고** 클로널 수퍼브Clonal Superb **등 최고급 티들도 다양하게 생산하고 있다.** 특히 **클로널**Clonal, **퍼스트 플러시**, **세컨드 플러시**, **오텀널 플러시**는 매우 유명하다.

다르질링 싱불리 골드 블랙 티 세컨드 플러시 오거닉
(Darjeeling Singbulli Gold Black Tea Second Flush Organic) FOP

인도 최초의 유기농 다원,

시요크 다원 Seeyok Tea Estate

소　유 : 티 프로모터 인디아 (Tea Promotor India)
티품질 : Organic Rainforest Alliance, Fairtrade

시요크 다원의 티 팩토리와 고지대에 있는 다원의 전경 그리고 어린 묘목을 키우는 모습

시요크 다원은 해발고도가 1000m~1800m로 다르질링 다원 중에서도 높은 고지대에 있다. 네팔과의 접경 지역인 수키아포크리시Sukhiapokhri 인근에 1869년 영국인들이 처음 조성하여 역사가 무려 155년이나 된다. 이 다원은 1990년대에 인도 최초로 재배 방식을 유기농법으로 전환한 다원이기도 하여, 이곳에서 생산되는 최고급 유기농 티들은 세계적인 명성을 자랑한다. 더욱이 인도 프리미엄 티Premium Tea의 선두 기업인 티 프로모터스 인디아Tea Promoters India에서 직접 관리를 진행하고 있어 품질이 매우 높다.

고산 지대의 독특한 기후 속에서 자라는 중국종 차나무China Bushes의 비중이 높으며, 오늘날에는 클로널Clonal AV2 품종도 많이 재배된다. 퀄리티 시즌은 봄, 가을이다. 특히 퍼스트 플러시를 비롯해 무스카텔Muscatel 플레이버의 세컨드 플러시는 전 세계적으로 매우 유명하다.

다르질링 시요크 서머 차이너리 블랙(Darjeeling Seeyok Summer Chinary Black)

시요크 다원의 테이스팅 룸에서의 저자 홍차언니

엘리자베스 2세 여왕이 좋아한 홍차의

오카이티 다원 Okayti Tea Estate

소 유 : 에브그린 그룹의 창립자, 라지브 베이드 (Mr. Rajeev Baid)

티품질 : Bioorganic

오카이티 다원의 티 팩토리(왼쪽)과 오카이키 다원의 전경(오른쪽)

오카이티 다원은 1870년대 영국인 식물학자가 차나무를 실험적으로 재배하였던 곳이다. 당시 다원의 이름은 랑도Rangdoo였다. 무려 155년의 역사를 자랑하고 있다. **티 팩토리가 1888년에 처음 조성된 뒤로 오늘날에는 다르질링 최고 품질의 '오거닉 싱글 이스테이트 티Organic Single Estate Tea'로 세계적인 명성을 떨치고 있다. 해발고도는 약 1220m~1828m로 다르질링의 다원 중에서도 가장 높은 지대에 있다. 인도와 네팔의 자연 국경을 이루는 메치강Mechi River의 발원지로서 히말라야산맥을 배경으로 폭포, 소나무 등으로 둘러싸여 있어 그 풍광이 다르질링 다원 중에서도 유명하다. 이 다원에서는 오늘날 100% 바이오오거닉 농법으로 홍차를 생산하고 있다. 이곳 홍차의 애호가들로는 유명 인사인 영국의 엘리자베스 2세Elizabeth II, 1926~2022 여왕, 구소련의 지도자 니키타 흐루시초프Nikita Khrushchev, 1894~1971, 인도의 수상 자와할랄 네루Jawaharlal Nehru, 1889~1964 등이 있다. 그 밖에도 녹차, 백차, 우롱차도 프리미엄 티급으로 생산한다.**

오카이티 다원의 싱글 이스테이트 스페셜티 티, 오카이티 무스크(Okyti-Musk)

영국의 네팔 침공 베이스 캠프,

터보 다원 Thurbo Tea Estate

소 유 : 굿리케 그룹 (Goodricke Group Ltd.)
티품질 : Organic, Rainforest Alliance, ETP, ISO 9001

터보 다원의 티 팩토리와 다원의 전경

터보Thurbo 다원의 이름은 1872년 영국이 네팔을 침공하기 위해 이곳을 베이스 캠프로 삼고 **'텐트**Tent'를 설치한 데서 유래되었다. **이곳에서는 네팔 내의 언덕들과 봉우리들이 잘 보이기 때문이다.** 당시에는 지역 방언으로 '텐트'를 의미하는 '툼부Tombu'라 불리었지만, 점차 '터보Thurbo'로 변화하였다. 다원은 칸첸중가산Mt. Kanchenjunga의 해발고도 980m~2440m의 산비탈에 있다. **중국종의 차나무**China Bushes**와 클로널종**Clonal P316과 AV2로부터 홍차를 주로 생산하고 있다. **주위에 오렌지 과수원과 난초 농장이 있어 찻잎에 과일 향과 꽃 향을 풍기게 한다.** 특히 **중국종**으로 생산한 홍차의 향은 **과일 향**, 수색은 밝은 **호박색**으로 유명하고, **아삼 하이브리드종**Assam Hybrids으로 생산한 홍차는 **향미가 스위트하고** 균형이 좋기로 유명하다. 퍼스트 플러시, 세컨드 플러시, 오텀널 플러시 모두 품질이 좋지만, 특히 **3월 중순**에 생산되는 **퍼스트 플러시**의 품질이 가장 좋다.

터보 다원의 티 테이스팅 룸에서의 홍차언니

다르질링 홍차의 최대 생산지,

푸구리 다원 Phuguri Tea Estate

소　유 : 바가리아 그룹 (Bagaria Group)

티품질 : Bioorganic, HACCP, SQF, Rainforest Alliance, Fairtrade

푸구리 다원의 티 팩토리와 다원에서 찻잎을 수확하는 사람들의 모습

푸구리 다원은 인도 다르질링 다원의 창시자인 **아치볼드 캠벨**Archibald Campbell, 1805~1874 **박사가 네팔에서 온 인부들의 정착을 위해 이곳의 지방 장관이던** 닥만 라이 Dakman Rai(소레니 다원의 창시자이기도 함)에 요청하여 1880년에 건설한 유서 깊은 다원이다. 다원은 해발고도 1066m~1828m로 치솟는 언덕과 깊은 계곡들이 존재하여 **다르질링 다원 중에서도 경치가 가장 아름답고, 다르질링에서 최대 티 생산량을 자랑한다. 또한 다원은 100% 바이오오거닉으로 운영되고 있으며,** 오리지널 다르질링 티의 풍미를 고스란히 유지하기 위하여 다원 초창기의 오래된 제다 설비를 그대로 사용하고 있다. 이 다원에서 **퍼스트 플러시로 생산한** 클로널 티Clonal Tea**는 다르질링 지역에서 최고의 품질을 자랑하고, 특히** 골든 팁스Golden Tips, 실버 팁스Silver Tips**의 새싹**Tip **함유율이 높은 '클로널 팁스**Clonal Tips' **또는 '티피 클로널**Tippy Clonal'**의 홍차는 세계 최고의 품질로 평가를 받는다.**

골든 팁스와 실버 팁스가 풍부한 다르질링 푸구리 히말라얀 골드 퍼스트 플러시 (Darjeeling Phuguri Himalayan Gold First Flush) FTGFOP1

2. 쿠르세옹 노스밸리 (Kurseong North Valley)

쿠르세옹 노스밸리는 지리적으로 서벵골주 다르질링 구역 내에 쿠르세옹시Kurseong 북부에 자리하고 있다.

이곳은 다르질링 히말라야산맥 일대로서 **해발고도가 약 1500m 이상이나 되는 고지대**이다. 이곳은 자연풍광이 아름답고 세계적으로 유명한 다원들이 밀집해 있어 전 세계의 티 애호가들과 관광객들이 '**토이 트레인**Toy Train'이라고 불리는 '**다르질링 히말라야철도** Darjeeling Himalayan Railway'를 타고 해마다 방문하고 있다.

여기서는 관광지로도 급부상하고 있는 세계적인 다원들에 숨은 이야기들과 함께 그곳의 다르질링 홍차를 소개한다.

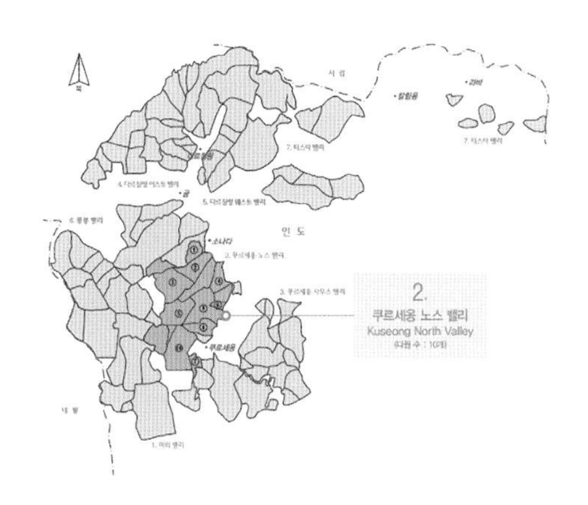

쿠르세옹 노스밸리 다원의 전경들

마가렛의 소망이 깃든 '다르질링 티의 아이콘',

마가렛 호프 다원 Margaret's Hope Tea Estate

소 유 : 굿리케 그룹 (Goodricke Group Ltd.)
티품질 : FSSC 22000, Rainforest Alliance, ETP

마가렛 호프 다원의 티 팩토리

마가렛 호프 다원은 1830년대 롱뷰 하일랜드Longview Highland 지역의 **해발고도 약 850m~1800m인 곳에 처음 조성되었다.** 1864년 상업화에 성공하면서 '바라링톤Bara Rington'이라 불리었다. **그런데 지금의 '마가렛 호프'라 불린 데는 슬픈 이야기가 있다.** 1920년대부터 영국 출신의 백던Mr. Bagdon(크뤽생크Cruickshank라는 설도 있다)이 운영하였는데, 자신의 딸인 **마가렛**Margaret이 영국 잉글랜드에서 잠시 방문하였고, 그림 같은 이곳의 자연경관에 매료된 것이다. 그런데 다시 돌아오겠다고 말한 뒤 영국행에 올랐던 마가렛이 병에 걸려 죽자, 그런 딸의 소망을 기리기 위하여 백던이 다원 이름을 지금의 '**마가렛 호프**Margaret's Hope'로 붙였다고 한다.

오늘날 인도 티 전문 기업 굿리케 그룹의 '**간판 다원**'인 마가렛 호프 다원에서 생산되는 홍차는 **우아한 꽃향기와 과일 향기, 그리고 찻빛이 맑고 투명한 황금색이며 골든 링**Golden Ring**이 뚜렷한 것으로 전 세계적으로 유명하다.**

특히 무스카텔 플레이버Muscatel Flavor**가 특징인** 퍼스트 플러시, **1864년부터 생산되는 서머**

플러시 시그니처 티인 '싱글 이스테이트 익스크루시브 Single Estate Exclusive**'는 마니아층이 두텁다.**

또한 다원의 **티 데크**Tea Deck에서 바라보이는 히말라야산맥의 파노라마틱한 모습은 **장엄한 경관으로 티 애호가뿐 아니라 여행객들에게도 휴양지로 인기가 매우 높다.**

마가렛 호프 다원에서 이른 아침에 수확하는 모습

마가렛 호프 다원 인근의 마을

마가렛 호프 카페를 방문한 홍차언니

‘무스카텔 차이나 플레이버’로 유명한

발라순 다원 Balasun Tea Estate

소　유 : 자이슈리 티 앤 인더스트리 (Jay Shree Tea & Industries Ltd)
티품질 : Organic, HACCP, Rainforest Alliance, Fairtrade

발라순 다원의 티 팩토리와 다원의 전경

발라순 다원은 티 전문 기업인 M/s 데븐포트앤컴퍼니Devenport & Company Ltd.가 1871년 소나다Sonada 인근의 해발고도 365m~1375m인 계곡에 처음 조성하였다. 약 145년의 역사를 자랑하는 이 다원은 당시 렙차족Lepcha 언어로 ‘발라순강의 위쪽’이라는 뜻인 ‘나호레 발라순Nahore Balasun’이라 불렸다. 그 뒤 다원 남쪽 계곡에 흐르는 강의 이름을 따서 ‘발라순Balasun’이 되었다. **이 다원은 순수 중국종China Bushes이 약 51%, 아삼 하이브리드종Assam Hybride이 40%, 다르질링 클로널 변종Darjeeling Clonal Varieties이 약 9% 정도 재배되고 있다. 아울러 오렌지Orange, 진저Ginger, 카르다몸Cardamom 등을 재배하고 있어 찻잎에 복합적인 풍미를 더해 준다.** 특히 중국종으로부터 만든 세컨드 플러시 홍차는 풀 바디감Full Body과 무스카텔 차이나 플레이버Muscatel China Flavor로 유명하다. **전통적인 방식인 오서독스 방식으로만 홍차를 생산하여 그 품질이 매우 높다.**

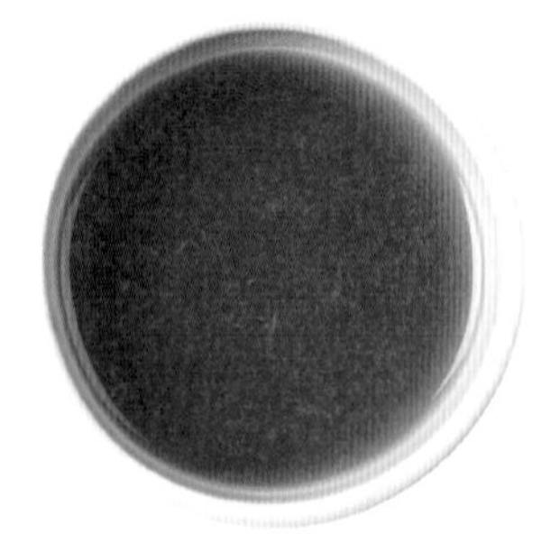

다르질링 발라순 세컨드 플러시 클래식(Darjeeling Balasun Second Flush Classic) FTGFOP1

인도의 다원 유산,

싱겔 다원 Singell Tea Estate

소 유 : 티 프로모터 인디아 (Tea Promoters India)
티품질 : Biodynamic, Organic, Fairtrade

싱겔 다원의 이정표와 싱겔 다원의 전경

싱겔 지역은 오래전 시킴 왕국Kingdom of Sikkim의 영토였다. **네팔이 시킴 왕국을 정복하고, 당시 인도를 식민지로 통치하던 영국과의 전쟁에서 패하면서 오늘날에는 인도 영토가 되었다.** 이곳의 싱겔 다원Singell Tea Estate은 1861년 영국인 제임스 화이트James White가 다르질링 지역을 영국 군인들의 휴양지로 건설할 때 처음 조성하였다. **다원의 해발고도는 1000m~1500m이며,** 세 구역으로 나뉘어 있다. 당시로서는 다르질링 최대 규모의 다원이었다. 다원의 이름은 당시 다원 관리자인 제임스 싱겔James Singell로부터 유래되었다. **현재 이 다원은 인도에서 '유산Heritage'으로 평가되고 있다. 약 160년 전 영국인들이 중국에서 들여와 파종을 통해 재배했던 오리지널 다르질링 차나무, 즉 중국종들이 지금도 자라고 있다.** 현재 이 구역은 '유산 구역Heritage Section'으로 지정, 보존되고 있다. **다원 차나무의 약 80%가 중국종이고, 17%가 클로널종, 약 3%가 아삼 하이브리종이다. 이러한 차나무로부터 오늘날에도 옛 전통의 오서독스 방식으로 티를 생산한다. 퍼스트 플러시**는 독특하게도 **강한 위조와 짧은 시간의 산화 과정**을 거쳐 생산하는데 잎이 붉은색이 아니라 **녹색이다.** 클로널Clonal 퍼스트 플러시는 폭발적인 향미로 입안을 가득 채우지만, 떫은맛이 없고, 과일향과 환상적인 꽃 향, 그리고 달콤한 맛으로 인해 인기가 매우 높다.

그리고 중국종을 개량한 품종인 AV2, T78로 생산한 퍼스트 플러시 FTGFOP 등급의 '인보이스Invoice DJ5 또는 DJ10'은 향이 폭발적이고 떫은맛이 적은 다르질링 티의 전형적인 스타일이다.

쿠르세옹시 전경과 세계문화유산인 다르질링 히말라야철도 기관차

우린 찻물에서 **무스카텔 플레이버**, 클로버꽃 향이 복합적으로 풍기고, 맛도 매우 부드러워 **목 넘김이 좋기로 유명하다.**

한편, 다원의 상부 경계 지역에서는 **유네스코**UNESCO **세계문화유산인 다르질링 히말라야 철도**DHR, The Darjeeling Himalayan Railway를 타고 다원의 아름다운 자연경관과 함께 히말라야 산지의 명소들을 구경할 수 있다.

티 애호가들뿐만 아니라 전 세계 여행객들이 홈스테이를 위하여 많이 방문하고 있다.

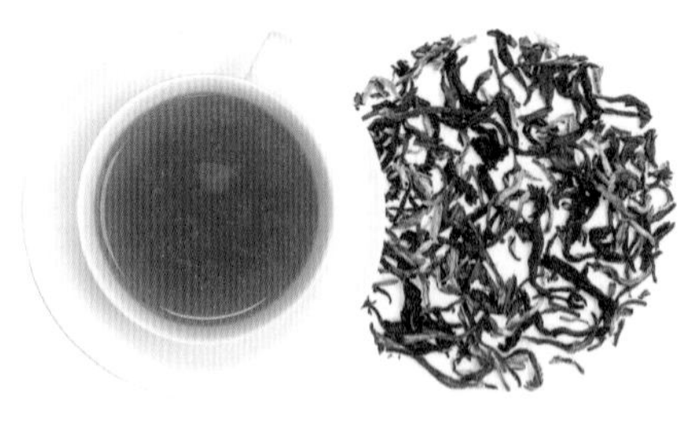

다르질링 싱겔 서머 블로섬 세컨드 플러시 오거닉
(Darjeeling Singell Summer Blossom Second Flush Organic)

다르질링 퍼스트 플러시 싱겔 바이오 컬티베이션
(Darjeeling First Flush Singell Bio Cultivation) FTGFOP 1

100% 바이오다이내믹 홍차의 대표 산지,

암부티아 다원 Ambootia Tea Estate

소 유 : 암부티아 그룹 (Ambootia Group)

티품질 : Biodynamics, Organic, HACCP, SQF, Fairtrade

암부티아 다원의 티 팩토리와 다원의 전경

암부티아 다원은 영국 정부가 19세기 중반 다르질링 지역에서 최초로 건설한 30개 다원 중 한 곳이다. 영국 잉글랜드에 본사를 둔 **다르질링 티 컴퍼니**Darjeeling Tea Company가 1861년 쿠르세옹 **침니빌리지**Chimney Village 인근의 해발고도 약 1371m인 작은 언덕에 처음 조성한 곳으로서 역사가 무려 **약 164년**이나 된다. 현재는 인도의 티 기업, 암부티아 그룹Ambootia Group의 레몬그라스 오거닉 티 이스테이트Lemongrass Organic Tea Estate Pvt. Ltd가 소유, 운영하고 있다. **1992년부터 100% 유기농법으로 전환하고, 바이오다이내믹**Biodynamic **농법으로 완전히 재배하고 있다.** 현재 다르질링 다원 중에서도 **생산량이 두 번째로 많은 곳이다.** 유기농, 바이오다이내믹 농법으로 생산한 홍차들이 다원의 주력 상품을 이루고 있는데, 특히 퍼스트 플러시 오거닉 FTGFOP1의 **미묘한 산미와 함께 스파클링한 향미는 세계적으로 유명**하고, 강렬한 맛과 풍부한 견과류 향을 풍기는 세컨드 플러시 오거닉 FTGFOP1도 **인기가 매우 높다.** 오늘날에는 아름다운 풍광과 함께 다르질링 히말라야철도의 기차역과도 지리적으로 가까워 휴양을 위하여 이곳을 찾는 티 애호가들이나 여행객들이 많다.

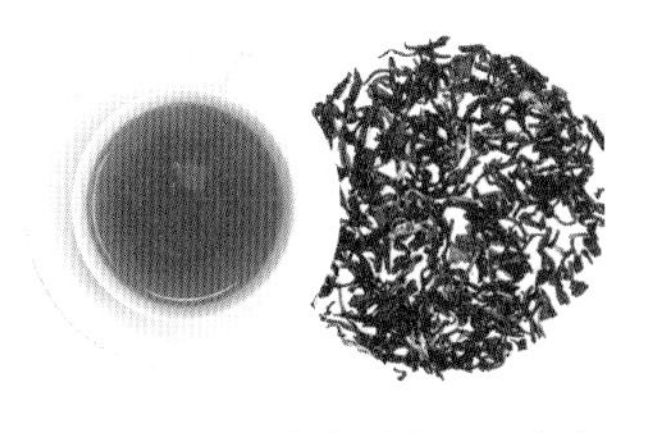

다르질링 암부티아 세컨드 플러시 오거닉(Darjeeling Ambootia Second Flush Organic) FTGFOP1

3. 쿠르세옹 사우스밸리 (Kurseong South Valley)

쿠르세옹 사우스밸리는 쿠르세옹시 Kurseong **남서부에 자리하고 있다.**

이곳은 인도 정부에서 **지리적 표시제**GI로 인증하는 **다르질링 다원이 가장 많이 분포하는 지역**이다.

특히 **굼티**Goomtee, **중파나**Jungpana, **캐슬턴**Castleton **등 유명 다원들로 인해 티 애호가들이나 여행객들의 발길이 잦다.**

여기서는 수많은 다원들 중에서 티의 산지로 지명도가 높고 많은 사람들로부터 인기를 얻고 있는 다르질링 다원의 홍차를 소개한다.

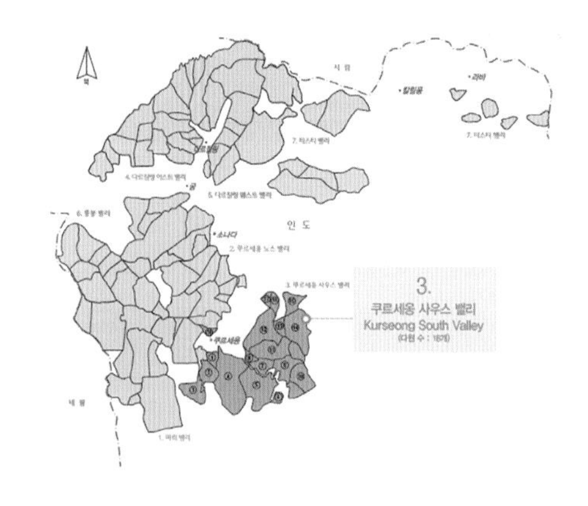

쿠르세옹 사우스 밸리의 다원들. 기다파하르 다원(위)과 마카이바리 다원(아래)

다르질링 티 '톱 퀄리티 5' 홍차의

굼티 다원 Goomtee Tea Estate

소 유 : 카노리아 일가 (Kanoria Family)

티품질 : Organic, HACCP, Rainforest Alliance, Fairtrade, ISO 9001

굼티 다원 티 팩토리와 다원의 전경

굼티 다원은 **1899년** 영국의 식물학자이자 탐험가인 **헨리 레녹스**Henry Lennox가 쿠르세옹시 남부 **해발고도 약 1800m 고지대**에 처음으로 조성하였다. 다원 이름은 네팔어로 '되돌아가는 곳'이라는 뜻을 지닌 '**굼티**Ghumti'에서 유래되었다. 그 뒤 또 다른 영국 식물학자인 **G. W. 오브라이언**O'Brien이 다원을 관리하다가 제2차 세계대전 이후 네팔 부호인 **라나 일가**Rana Family에서 잠시 인수한 뒤 **마하비르 프라사드**Mahabir Prasad와 **케리왈 일가**Kejriwal Family가 다원을 공동 운영하였고, 현재는 **카노리아 일가**Kanoria Family가 소유, 관리하면서 고품질의 다르질링 티들을 생산하고 있다. 다원에서는 해발고도 762m~1980m에 걸쳐 100만 그루의 차나무가 재배되며, 중국종China Bushes이 대부분이며, 클론종Clonal은 일부를 차지한다. **오서독스 방식으로 생산한 홍차는 다르질링 다원 중에서도 '톱 퀄리티 5'로 평가된다.** 특히 가장 높은 지대의 **무스카텔 밸리**Muscatel Valley 구역의 고품질 **유기농 세컨드 플러시** 홍차는 '무스카텔 플레이버'로서 세계적인 명성을 자랑한다. 또한 퍼스트 플러시와 오텀널 플러시도 향미가 매우 신선하기로 유명하다.

굼티 무스카텔 다르질링 세컨드 플러시 티(Goomtee Muscatel Darjeeling Second Flush Tea) FTGFOP1 무스카텔(MUSCATEL)

'프리미엄 다르질링 퍼스트 플러시'로 유명한

기다파하르 다원 Giddapahar Tea Estate

소 유 : 쇼 일가 (Shaw Family)
티품질 : ISO 9001, ISO 21000

기다파하르 다원 티 팩토리와 다원에서 찻잎을 수확하는 여성 인부들

기다파하르 다원은 1881년 쇼 일가 Shaw Family**가 히말라야 산지 해발고도 1370m~1580m의 산비탈에 처음 조성하였다.** 다원 이름인 기다파하르Giddapahar는 토착어로 독수리를 뜻하는 '기다Gidda'와 절벽을 뜻하는 '파하르Pahar'가 합성된 것으로서 '독수리 절벽'이라는 뜻이다. 다원에서는 **중국종**, 아삼종, **클로널종**을 재배하고 있으며, 그중에는 **19세기**에 심은 **수령 100년 이상의 중국종 차나무**들이 지금도 있다. 칸첸중가산의 한랭한 기온과 안개가 자주 끼는 기후로 **찻잎이 느리게 자라면서 방향성 성분이 풍부하다. 중국종으로 생산된 프리미엄 다르질링 퍼스트 플러시는 찻빛이 밝고 꽃향기가 풍부하고, 세컨드 플러시는 무스카텔 플레이버로 유명하다.** AV2 클로널종으로 만든 백차 '**기다파하르 클로널 팁스**Giddapahr Clonal Tips'는 극히 소량으로 생산되어 해외로 전량 수출된다. 그 밖에도 **FTGFOP1 등급**의 찻잎으로 만든 **녹차 기다파하르 그린 딜라이트**Giddapahar Green Delight도 인기가 높다.

기다파하르 프리미엄 다르질링 퍼스트 플러시 블랙 티
(Giddapahar Premium Darjeeling First Flush Black Tea) DJ 13 SFTGFOP1

다르질링에서 퍼스트 플러시 출시가 가장 빠른

로히니 다원 Rohini Tea Estate

소 유 : 소나다 티 (Sonada Tea Ltd.)
티품질 : HACCP

로히니 다원의 전경과 수확기의 모습

로히니 다원은 1955년 처음 설립되어 **다르질링 다원들 중에서도 역사가 가장 짧다.** 1962년~2000년까지 약 38년 동안 운영이 중단되었지만, 사리아 일가Saria Family가 인수하면서 차나무가 다시 재배되었다. 이 다원은 해발고도가 460m로 낮은 **자베르하르**Jaberhar, 중간 고도인 **코티다라**Kotidhara, **파일로다라**Pailodhara, 해발고도가 1220m로 가장 높은 **투쿠리야**Tukuriya의 네 구역으로 분할되어 있다. 자베르하르와 코티다라 구역에는 AV2, T-78의 **클로널종**들이 주로 재배되며, **고품질의 티들이 생산된다.** 가장 높은 투쿠리야 구역은 수령 약 100년 이상이나 된 중국종 차나무가 재배되고 있다. **이 다원은 홍차, 녹차, 백차를 포함하여 거의 모든 종류의 티를 생산하고 있다.** 퍼스트 플러시, 세컨드 플러시, 오텀널 플러시의 홍차는 유명한데, 특히 **퍼스트 플러시**는 **다르질링 다원 중에서도 연중 가장 빨리 출시된다. 또한 고품질의 퍼스트 플러시 백차도 생산하고 있다.**

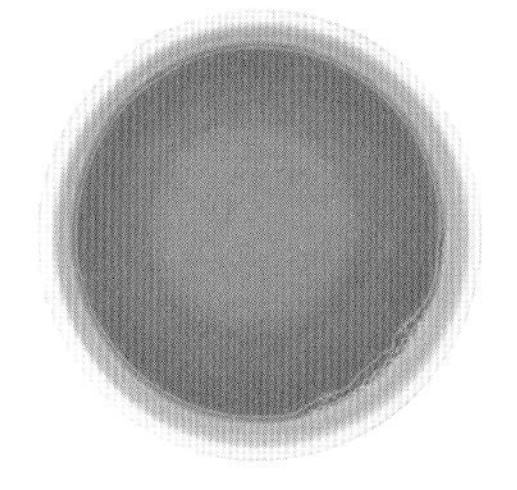

로히니 페퍼리 블랙 세컨드 플러시 로열 세리즈(Rohini (RTE-92) Peppery Black Second Flush Royal Series)

다르질링 티 생산의 10%를 차지하는

롱뷰 다원 Longview Tea Estate

소 유 : 티루말라 그룹 (The Tirumala Group)
티품질 : HACCP

롱뷰 다원의 표지판과 티 팩토리의 모습

롱뷰 다원은 1873년 영국인 차나무 재배자였던 C.G. 애덤스Adams가 테라이 평원의 낮은 언덕에 처음 조성하여 약 150년의 재배 역사를 자랑한다. 그 뒤 1953년까지 호주 기업체인 윈담스Wyndhams가 소유하였고, 오늘날에는 '티루말라 그룹The Tirumala Group'이 소유하고 있다. 다원 이름은 대지가 매우 광활하여 '롱뷰Longview'(가시권)라는 뜻에서 유래하였다. **2008년 화재로 인해 티 팩토리가 불탔지만,** 현재는 재건하여 다르질링 최대 규모의 다원으로 성장하여 연간 생산량이 **다르질링 티 총생산량의 10%를 차지한다. 이 다원은 테라이 평원의 저지대에 있어 퍼스트 플러시의 출시가 비교적 빠르다.** 퍼스트 플러시를 비롯하여 세컨드 플러시, 인비트윈Inbetween FTGFOP1 등급은 꽃 향기와 호박색 찻빛이 고품질을 자랑한다.

다르질링 롱뷰 이스테이트 세컨드 플러시 티(Darjeeling Longview Estate Second Flush Tea) FTGFOP1

세계 최초의 공정무역(Fairtrade) 다원,

마카이바리 다원 Makaibari Tea Estate

소 유 : 룩스미 그룹(Luxmi Group)
티품질 : Biodynamic, Organic, HACCP, Fairtrade, Rainforest Alliance, ISP 22000

마카이바리 다원 티 팩토리와 다원의 전경 모습

마카이바리 다원은 영국 정부가 1850년 인도에서 처음 조성한 다원 중 한 곳이다. 현지어로 마카이Makai는 '옥수수', 바리Bari는 '밭'을 뜻한다. 히말라야 산지의 해발고도 1371m인 낮은 언덕에 있다. **티 팩토리는 1859년 설립되어 약 164년의 역사를 자랑하는데, 인도에서도 가장 오래되었다.** 또한 1988년 인도에서 **최초로 유기농법**으로 차나무를 재배하기 시작해 미국 농업부USDA로부터 유기농 인증을 받았다. 또한 1993년에는 다원으로서 세계 최초의 공정무역 인증을 받았다. **이 다원에서는 유기농으로 생산하는 홍차, 녹차, 우롱차, 백차는 고품질로 유명하여 대부분 해외로 수출되고 있다.** 이 다원은 70%가 울창한 자연림으로서 에코시스템을 유지하고, 차나무는 바이오다이내믹 농법으로 재배하고 있다. 현재는 다원 홈스테이의 세계적인 명소로 자리를 잡고 있다.

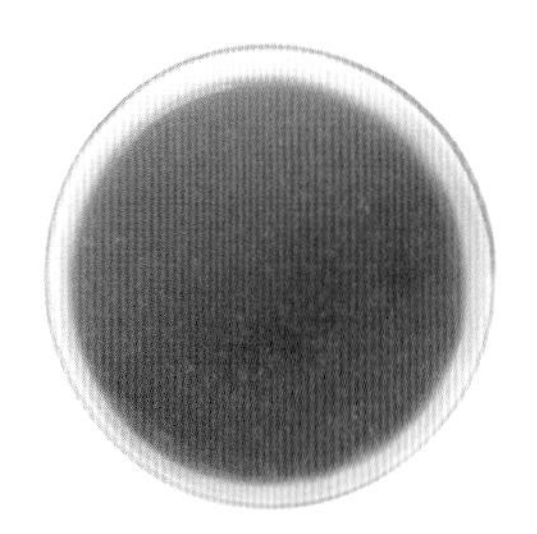

마카이바리 오거닉 세컨드 플러시 블랙 티(Makaibari Organic Second Flush Black Tea)
서머 솔스티스 무스카텔(Summer Solstice Muscatel)

인도의 문화유산, '셀림힐 방갈로'의 휴양지,

셀림힐 다원 Selim Hill Tea Estate

소　유 : 스파르시 아가르왈 일가 (Sparsh Agarwal's Family)
티품질 : Biodynamic, Organic

셀림힐 다원의 유산인 약 150년 역사의 방갈로와 다원의 전경

셀림힐 다원은 1870년대 영국인 식물학자 헨리 Mr. Henri**가 쿠르세옹시 인근의 해발고도 610m~1220m의 구릉지에 처음 조성하였다.**

다원 이름은 다원 조성자인 헨리가 지역민들에게 '셀림 사하브Selim Sahab'라 불리었던 데서 유래하였다.

다원 초창기에 설립된 '셀림힐 플랜터스 방갈로 Selim Hill Planter's Bungalow**'는 역사가 약 155년이나 되며,** 인도의 문화유산으로서 휴양지로도 유명하다. 또한 초창기 다르질링 티의 풍미를 고스란히 유지하기 위하여 19세기에 설립된 티 가공 공장과 설비들은 현재도 운영하고 있다.

다원에서는 재배 면적의 절반 이상을 중국종으로 재배하고 있다.

유기농법, 바이오다내믹 농법으로 재배하여 오서독스 방식으로 잎차로만 생산한 유기농 티들은 세계적인 명성을 차지한다. **특히 수령 120년 이상 된 중국종으로부터 오서독스 방식으로 생산한 퍼스트 플러시, 세컨드 플러시, 오텀널 플러시 SFTGFOP1 등급의 홍차는 복숭아 향과 톡 쏘는 듯한 자극성으로 인해 전 세계에서 명성이 높다.**

다원은 마하난다 Mahananda **야생동식물 보호구인 '람마 부스티 숲**Lama Busty Forest'과 경계를 이루고, **유네스코 세계문화유산인 가야바리**Gayabari **기차역과 가까워 전 세계로부터 티 애호가들과 여행객들이 휴양을 위해 해마다 찾고 있다.**

셀림힐 클래식 다르질링 블랙 티 세컨드 플러시(Selim Hill Classic Darjeeling Black Tea Second Flush) FTGOP

휴양지로 유명한 셀림힐 다원

오렌지 과수원 속의 다원,

시비타르 다원 Sivitar Tea Estate

소　유 : 시비타르 티 이스테이트 유한회사 (Sivitar Tea Estate Private Limited)

티품질 : Biodynamic, Organic

시비타르 다원의 전경과 찻잎의 수확 모습

시비타르 다원은 영국인들에 의해 1870년 평균 해발고도 약 1370m의 구릉지에 처음 조성되었다. 다원 이름인 '시비타르Sivitar'는 힌두교에서 최고 신으로 여기는 '시바신의 징조Bode of Lord Shiva'를 뜻한다. 다원은 **유기농법, 바이오다이내믹 농법**으로 차나무를 재배하고 **2월 중순부터** 오직 **수작업**으로 어린 찻잎을 수확해 만든 홍차는 **스페셜티 티로 유명하다.** 다원 주위로는 **오렌지 과수원**이 함께 운영되고 있어 **찻잎에 시트러스계의 독특한 향이 난다.** 이곳의 다르질링 **퍼스트 플러시**는 **실버 팁**Silver Tip이 풍부하고 찻빛이 아름다운 **황금색**을 띠면서 **품질이 높기로 유명하다. 또한 다원 주위로 '시바콜라강**Shivakhola', **'마하나디강**Mahanadi'**을 끼고 숲이 울창하여, 야생 조류들이 풍부하며, 맑은 날에는 눈 덮인 히말라야산이 바라보이는 등 자연경관이 훌륭하다. 티 애호가, 탐조가, 휴양을 찾는 사람들이 많이 방문하고 있으며,** 다원에서는 이들을 위해 **홈스테이**를 운영하고 있다.

실버 팁과 골든 인퓨전으로 유명한 다르질링 시비타르 퍼스트 플러시(Darjeeling Sivitar First Flush) SFTGFOP

다르질링 티 베스트 브랜드,

중파나 다원 Jungpana Tea Estate

소 유 : 산토시 쿠마르 카노리아 그룹 (Santosh Kumar Kanoria Group)
티품질 : Organic, HACCP

중파나 다원의 티 팩토리와 다원의 전경

중파나 다원은 1899년 영국의 식물학자 헨리 레녹스Henry Lennox가 다르질링 힐스Darjeeling Hills의 남부 해발고도 1000m~1500m인 지대에 처음 조성하였다. 그 뒤 G. W. 오브리언O'Brien이 인수하여 네팔의 라나Rana 왕가에 매각하였다. 이후, 인도 독립과 함께 1956년부터 케리왈 일가Kejriwal Family가 지금까지 소유 및 관리하고 있다. 다르질링 다원 중에서도 가장 접근하기 어려운 다르질링 힐스 남부의 이 다원에서는 오직 중국종의 차나무만 재배하여 오서독스 방식으로 티를 생산하는데, 독특한 국지성 기후로 인해 생긴 세컨드 플러시 홍차의 무스카텔 플레이버는 세계 최고 수준이다. 그리고 퍼스트 플러시, 오텀널 플러시로 녹차, 백차, 황차, 우롱차, 홍차를 다양하게 생산한다. 이렇게 생산된 티는 포트넘앤메이슨Fortnum & Mason, 해러즈Harrods, 포숑Fauchon 등 세계 유명 티 브랜드로 판매되어 다르질링 티 중에서도 베스트 브랜드 티로 통한다.

중파나 무스카텔 다르질링 세컨드 플러시 블랙 티(Jungpana Muscatel Darjeeling Second Flush Black Tea) DJ 110

부티크 바이오오거닉 다르질링 다원,

틴다리아 다원 Tindharia Tea Estate

소 유 : 산토시 쿠마르 카노리아 그룹 (Santosh Kumar Kanoria Group)

티품질 : Organic, HACCP, Bioorganic, Fairtrade, ISO 9001, ISO 22000

틴다리아 다원의 티 팩토리와 인부들의 수확 모습

틴다리아 다원은 1900년경에 쿠르세옹 남부 틴다리아 Tindharia **지역의 해발고도 400m~1000m인 지대에 처음 조성되었다.** 발라지국제농업회사Balaji Agro. International와 산토시 쿠마르 카노리아 인터내셔널Santosh Kumar Kanoria International 그룹이 공동으로 운영하고 있다. 이 다원은 바이오오거닉Bioorganic 농법으로 차나무를 재배하며, **전체 차나무 중 약 50%가 중국종,** 15%는 클론널종인 AV2, **15%는 하이브리드종,** 30%는 아삼 품종이다. **현재는 고품질 클로널종의 어린 묘목을 심어 다원을 혁신하고 있다. 이곳에서는 오직 오서독스 방식으로만 티를 생산하며, 모든 티에 생산이력제를 적용하여 상품의 추적이 가능하다.** 전통적인 홍차를 비롯하여 백차, 녹차, 우롱차도 세계적으로 유명하다. 특히 홍차는 **꽃향기와 시트러스계 노트**가 특징이다. **현재 다원에서 생산된 티의 50% 이상은 독일, 15%는 일본, 10%는 미국과 유럽으로 수출되고, 나머지 25%는 인도에서 소비된다.**

다르질링 틴다리아 블랙 티(Tindharia Black Tea) FTGFOP1 EX1

'월드 베스트 무스카텔 티'로 유명한

캐슬턴 다원 Castleton Tea Estate

소 유 : 굿리케 그룹 (Goodricke Group Ltd.)

티품질 : HACCP, Fairtrade, Rainforest Alliance, ETP, FSSC 22000, ISO 9000, 9002, ISO 22000

캐슬턴 다원의 정문과 다원에서 인부가 수확하는 모습

캐슬턴 다원의 전경

캐슬턴 다원은 1885년 영국인 **찰스 그레이엄**Charles Graham 박사가 쿠르세옹과 판카바리 Pankhabari 언덕 사이의 해발고도 약 980m~2300m인 지대에 처음 조성하였다.

다원을 조성할 당시 이름은 '쿰세리Kumseri'였다. 지금의 이름은 이곳에 '성Castle처럼 보이는 건물'이 있다는 데서 유래되었다. **현재는 굿리케그룹Goodricke Group과 암구리에그룹Amgoorie Group이 공동으로 운영하는 카멜리아그룹Camellia Plc.이 관리한다.**

다원은 발루코프Bhalu Khop, 짐바샤Jim Bhasha, 도비타르Dhobitar, 바세리Baseri 등으로 구역이 나뉘어 있다. **중국종의 차나무와 클로널종인 AV2에서 수작업으로 찻잎을 수확해 오서독스 방식으로 티를 생산한다.**

퍼스트 플러시와 세컨드 플러시, 오텀널 플러시 모두 유명하지만, **특히 5월에서 6월 말의 여름철에 중국종에서 수확해 만든 세컨드 플러시의 홍차는 무스카텔 플레이버Muscatel Flavor가 훌륭하기로 세계에서 가장 유명하고, 가격도 세계 최고 수준이다.**

이로 인해 이곳의 세컨드 플러시 홍차를 흔히 시장에서는 **'무스카텔 티Muscatel Tea'라고도** 한다. **골든 팁이 풍부하고, 노트가 퍼스트 플러시에 비하여 상당히 강하다.**

다르질링 캐슬턴 세컨드 플러시(Darjeeling Castleton Second Flush) FTGFOP1 무스카텔(Muscatel)

다르질링 캐슬턴 퍼스트 플러시(Darjeeling Castleton First Flush) FTGFOP1 CH Special

칼럼

홍차의 기초 상식

홍차의 상품명과 수확기 표시

* 홍차에는 퍼스트 플러시First Flush, 세컨드 플러시Second Flush, 인비트윈Inbetween, 오텀 플러시Autumn Flush, 윈터 플러시Winter Flush와 같이 수확기를 알 수 있는 이름들이 붙어 있다.
* 퍼스트 플러시는 봄의 첫 수확을, 세컨드 플러시는 초여름의 두 번째 수확을 의미한다. 그런데 상품명에 스프링Spring, 서머Summer를 붙여 퍼스트 플러시, 세컨드 플러시의 표기를 대신하기도 한다.
* 인비트윈은 퍼스트 플러시와 세컨드 플러시 기간 사이에 수확한 찻잎을 의미하는 것으로서 세컨드 플러시의 품질을 높이기 위하여 채엽하는 사전 정지 작업인 반지Banji 채엽과는 다르다는 사실을 유의하자.
* 그리고 윈터 플러시는 이름에서도 알 수 있듯이 겨울철에 수확한 것이다. 흔히 '윈터 프로스트Winter Frost', 또는 '프로스트Frost'라는 용어를 상품명에 붙이기도 한다.

홍차의 상품명에 붙는 다양한 용어들

1) EX : 겨울철 끝자락에 수확한 찻잎을 말한다. 즉 봄철의 퍼스트 플러시 이전에 수확한 찻잎을 의미한다.

2) CL : 차나무 품종인 '클로널Clonal'의 약어이다. 상품명에 'CL'이 표기된 것은 무성생식을 통해 재배한 차나무의 찻잎으로 만든 티라는 뜻이다.

3) SPL : 스페셜Special의 약어이다.

4) CH : 차나무가 중국종이라는 '차이너리Chinary'의 약어이다.
상품명에 'CH'가 표기된 것은 중국종 차나무에서 찻잎을 따 만든 티라는 뜻이다.

5) DJ : 산지인 '다르질링Darjeeling'의 약어이다. DJ는 뒤에는 보통 숫자가 붙는데, 생산된

티의 배치Batch에 순서대로 매겨지는 일종의 인보이스 넘버Invoice Number이다. 숫자가 낮을수록 수확 시기가 이르다는 뜻도 포함되어 있다. 예를 들면, DJ 01은 퍼스트 플러시로 생산된 티의 첫 번째 배치, DJ 03은 세 번째 배치라는 뜻이다. 일반적으로 DJ 01이 DJ 03보다 더 일찍 수확한 찻잎으로 만든 배치라고 보면 된다.

6) Grand Cru (그랑크뤼) : 프랑스어로 품질이 '특급'이라는 뜻이다. 와인 용어에서 차용되었다. 그런데 인도 홍차 산업계의 정식 '등급Grade'은 아니다.

7) Wiry : 찻잎이 얇고 가늘지만 튼실하면서 견고하다는 뜻이다.

다르질링 3월에 퍼스트 플러시의 새순 올라온 모습

4. 다르질링 이스트밸리 (Darjeeling East Valley)

다르질링 이스트 밸리는 다르질링시 남서부 지역**으로서 지리적표시제GI로 인증을 받는 다르질링 티를 생산하는 유명 다원들이 십여 곳이 넘게 분포한다.**

리시햇 다원, 아리아 다원, 툼송 다원 등이다. 여기서는 다르질링 이스트 밸리의 유명 다원들 중에서도 홍차로 유명한 대표적인 곳들을 소개한다.

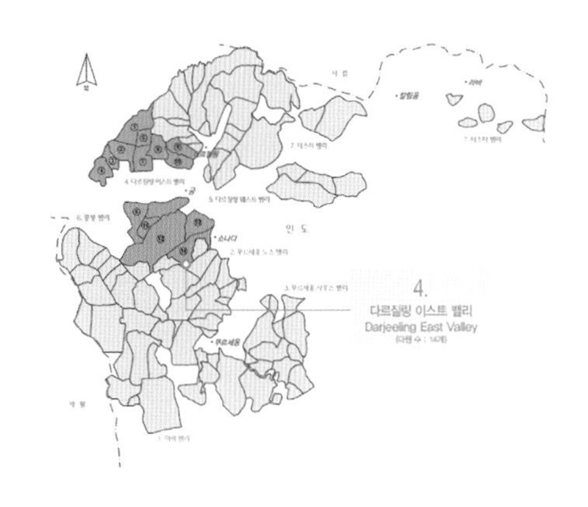

다르질링 이스트밸리의 오렌지 밸리 다원

히말라야산맥을 배경으로 한 다르질링 이스트밸리의 툼송 다원 전경

'톱 등급 유기농 다르질링 티'로 유명한

리시햇 다원 Risheehat Tea Estate

소　유 : 자이슈리 티 앤 인더스트리 (Jay Shree Tea & Industries Ltd.)

티품질 : Organic, HACCP, Fairtrade, ISO 1901

리시햇 다원의 방갈로와 찻잎을 수확하는 모습

리시햇 다원은 영국인 식물학자가 1900년경에 다르질링시 남서부 해발고도 약 760m~1460m인 지역에 처음 조성하였다. 당시에는 원주민인 '**체링족**Tshering'이 다수 거주하여 '**체링바간**Tshering Bagan'이라고 하였다. 지금은 성자를 뜻하는 '**리시**Rishee'와 '**고향**Hat'이라는 뜻의 용어가 결합되어 '리시햇'으로 바뀌었다. 다원은 큰 재배지인 '**리시햇**Risheehat'과 작은 재배지인 '**리자힐**Lizahill'의 두 구역으로 나뉘어 있다. **1955년부터 자이슈리 티 앤 인더스트리**Jay Shree Tea & Industries Ltd**가 소유하면서 운영하고 있다.** 이 다원은 수령이 **100년** 이상 된 **중국종 차나무**에서 **수작업으로 찻잎을 수확**한다. 오서독스 방식으로 생산한 퍼스트 플러시와 세컨드 플러시의 유기농 홍차는 그 품질이 다르질링 티 중에서도 **특등급**이다. **특히 스페셜티 티인 세컨드 플러시 무스카텔 티**Second Flush Muscatel Teas**는 세계적으로 유명하다. 이외에도 유기농 백차, 녹차, 우롱차, 클로널 티 등도 생산한다.**

다르질링 리시햇 세컨드 플러시 와이어리 블랙 티(Darjeeling Risheehat Second Flush Wiry Black Tea) FTGFOPI

'메리의 땅'

마리봉 다원 Marybong Tea Estate

소 유 : 차몽 그룹 (Chamong Group)

티품질 : Organic

마리봉 다원의 전경과 찻잎을 수확하는 모습

마리봉 다원은 1876년 조류학자였던 루이스 만델리 Louis Mandeli **박사가 해발고도 약 880m~1800m의 구릉지에 처음 조성하였다.** 당시에는 '키엘 다원Kyel Tea Estate'이라 불렸지만, 인도의 세계적인 티 기업체인 차몽 그룹Chamong Group이 인수하여 링기아 다원Lingia Tea Estate과 합병하면서 지금의 마리봉 다원Marybong Tea Estate으로 개칭하였다. 마리봉Marybong은 렙차족Lepcha의 언어로 '메리의 땅Mary's Place'이라는 뜻이다. **현재도 차몽 그룹이 소유 및 운영하고 있다. 이 다원에서는 대부분 중국종의 차나무를 유기농법으로 재배하여 오서독스 방식으로 티를 생산한다.** 퍼스트 플러시, 세컨드 플러시, 오텀널 플러시의 홍차가 모두 생산되지만, 특히 순수 **중국종의 차나무에서 찻잎을 수확해 만든 퍼스트 플러시** 홍차는 **꽃향기**Flowery**와 달콤한 뒷맛**이 훌륭하기로 매우 유명하다. 현재는 자연경관이 훌륭하여 홈스테이를 위하여 리조트도 운영하고 있다.

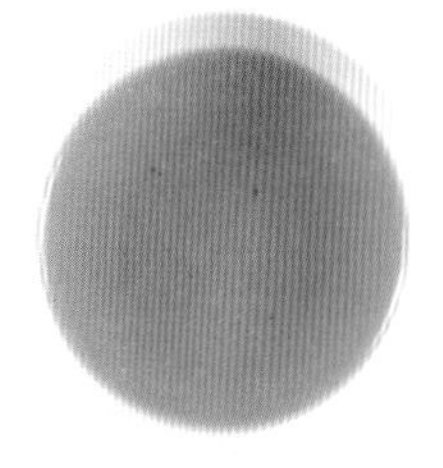

다르질링 마리봉 퍼스트 플러시(Darjeeling Marybong First Flush) FTGFOP1

100년 역사의 문화유산 방갈로로 유명한

밈 다원 Mim Tea Estate

소　유 : 앤드류 울레 앤 컴퍼니 (Andrew Yule & Co. Ltd.)

티품질 : HACCP, Organic, Rainforest Alliance, ETP

문화 유산인 밈 다원의 방갈로와 다원의 전경

밈 다원은 1800년대 중후반에 영국인 남성이 **해발고도 약 1500m**의 언덕에 처음 조성하였다. 그런데 그의 갑작스러운 죽음으로 다원을 그의 아내가 운영하였다. 이 지역 사람들은 그녀를 '영국 여성'이라는 뜻으로 '멤 샤브Mem Shab'로 불렀고, 다원의 이름도 '영국 여성이 운영하는 다원'이라는 뜻으로 '멤 카만Mem Kaman'이라 불렀다. 그런데 점차 '멤Mem'이 '밈Mim'으로 불리면서 현재의 이름이 되었다. **다원은 현재 인도의 공기업인 앤드류 울레 앤 컴퍼니**Andrew Yule & Co. Ltd.**가 운영하고 있다. 다원에서는 대부분 중국종의 차나무들이 유기농법으로 재배되고 있다.** 또한 소나무 숲이 우거진 가운데 코코넛을 재배하고 있어, 찻잎에서 미묘한 향이 풍긴다. 중국종으로 생산한 퍼스트 플러시 홍차가 유명하며, 그 외 우롱차와 백차도 소량으로 생산하고 있다. 약 100년 전 다원의 숲속에 지은 방갈로는 당시 다원 통치자가 거주하던 문화유산으로서 현재는 홈스테이를 위하여 운영하고 있다.

다르질링 밈 퍼스트 플러시 오거닉
(Darjeeling Mim First Flush Organic) FTGFOP1

스페셜티 티의 세계 유명 산지,

아리아 다원 Arya Tea Estate

소 유 : 아리아 티 컴퍼니 (Arya Tea Co. Ltd.)
티품질 : Organic

아리아 다원의 티 팩토리와 다원의 전경

아리아 다원은 1885년 불교 승려들이 해발고도 900~1800m의 산비탈에 중국종 차나무의 씨앗을 심어 처음 조성하였다. 당시 다원은 '시드라봉Sidrabong'으로 불리었다. 그 뒤 승려들이 고대 산스크리트어로 '존경받는Respected'이라는 뜻을 지닌 '아리아Arya'를 다원 이름에 붙였다. **현재 다원은 R. K. 반살Bansal이 소유한 아리아 티 컴퍼니Arya Tea Co. Ltd가 운영하고 있다. 다원에서는 중국종과 클로널종의 차나무들이 모두 유기농법으로 재배되고 있는데, 특히 스페셜 잎차 산지로 유명하다.** 클로널종 AV2로 만든 스페셜티 티 상품명에 보석 이름을 붙인 것도 이채롭다. **백차는 오거닉 펄 티Pearl Tea, 홍차는 루비 티Ruby Tea, 녹차는 에메랄드 티Emerald Tea, 우롱차는 토파즈 티Topaz Tea 등이다. 다원의 대표적인 스페셜티 티는 중국종으로 생산한 퍼스트 플러시 홍차로서 무스카텔 플레이버가 훌륭하기로 유명하고, 클로널종인 AV2로 만든 루비, 펄 티, 에메랄드 티, 토파즈 티 등의 스페셜티 티도 있다.**

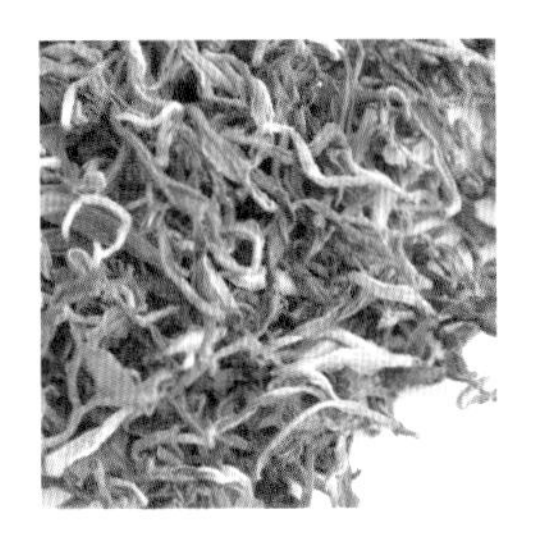

아리아 스프링 차이나 퍼스트 플러시(Arya Spring China First Flush) SFTGFOP1

칼럼

새로운 트렌드, 티의 이름에 새로운 바람이 불다!

오늘날 티 시장에서는 티의 이름에 새로운 바람이 불고 있다.

티의 상품명에 티의 종류나 특성을 암시하는 새로운 이름들이 붙여지고 있는 것이다. 티의 종류를 보석의 색상으로 암시하는 제품도 있고, '달빛'으로 찻잎의 조성 특징을 표현하는 제품들도 등장하고 있다. 여기서는 다르질링 티 중에서도 매우 독특한 이름을 지닌 몇몇 사례들을 소개한다.

보석명으로 티의 종류를 구분

* 아리아 다원에서는 티의 종류에 따라 그 색상에 맞게 보석의 이름을 상품명에 붙이는 것으로 유명하다. 중국에서 찻빛의 색상에 따라 **백차** (白茶), **녹차** (綠茶), **황차** (黃茶), **청차** (青茶), **홍차** (紅茶), **흑차** (黑茶)와 같이, **아리아 다원에서는 보석의 색상에 맞춰 티의 종류를 구분해 판매하고 있다.**

* **백차**는 흰색 진주에 맞춰 '**펄**Pearl', **녹차**는 연녹색의 '**에메랄드**Emerald', **청차**(우롱차)는 청색의 '**토파즈**Topaz', 홍차는 붉은색의 '루비Rubi'로 표기한 것이다.

실버 팁스가 풍부한 '문라이트 (Moonlight)', '문샤인 (Moonshine)'

* 다르질링의 티에는 종종 건조 찻잎에 실버 팁스가 풍부한 경우에 독특한 표기를 붙이는 경우가 있다. 이러한 표기는 찻빛과는 전혀 상관없다.

* **캐슬턴 다원**Castleton Tea Estate이나 **바담탐 다원**Badamtam Tea Estate의 티에서는 백호 (白毫)가 있는 실버 팁스Silver Tips가 풍부한 찻잎에 **'하얀 달빛'**을 뜻한 '**문 라이트**Moon Light'를 표기하여 판매하는 경우가 대표적이다.

* **또한 리자힐 다원**Lizahill Tea Estate**이나 싱불리 다원**Singbuli Tea Estate**의 티에는 실버 팁스가**

풍부한 경우에 '문 라이트' 대신에 '문샤인Moonshine'을 붙이기도 한다.

이는 백차, 홍차든지 간에 **티의 종류와는 관계가 없이** 실버 팁스가 풍부하면 모두 표기될 수 있다. 즉 홍차에도, 백차에도 표기될 수 있다는 뜻이다.

이는 마치 중국에서 은침 (銀針)이 풍부하면 월광 (月光)에 비유하는 것과 비슷하다.

아리아 펄 화이트
(Arya Pearl White)

캐슬턴 문라이트 다르질링 세컨드 플러시 블랙 티
(Castleton Moonlight Darjeeling Second Flush Black Tea)
FTGFOP1 DJ 342

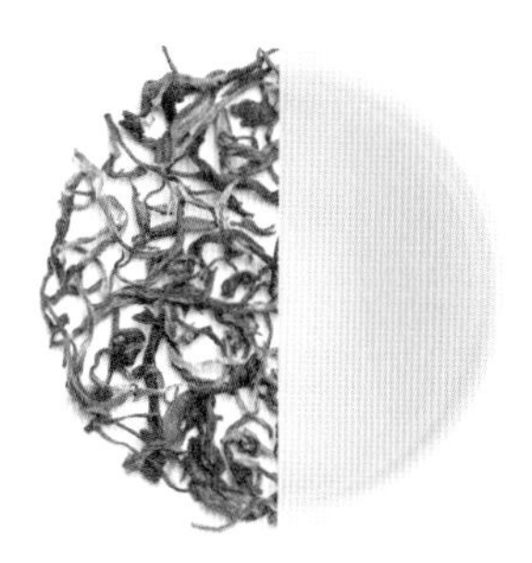

아리아 에메랄드
(Arya Emerald)

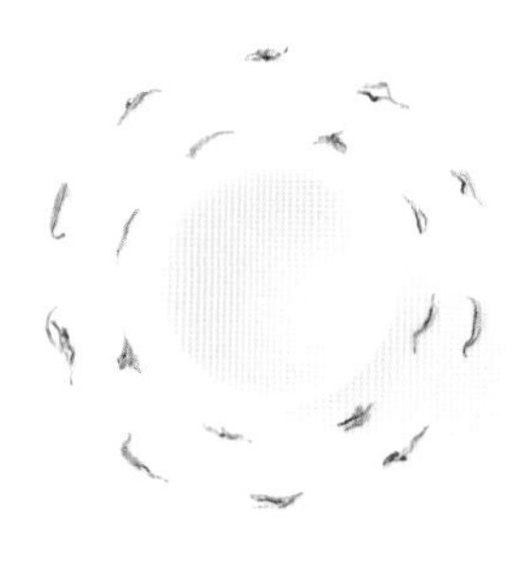

리자힐 엑소틱 문샤인 화이트 티
(Lizahill Exotic Moonshine White Tea)

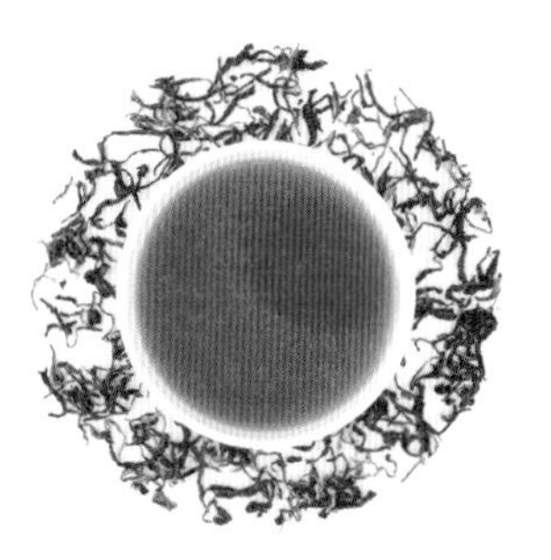

아리아 루비 블랙 티
(Arya Ruby Black Tea)

싱불리 문샤인 블랙 티
(Singbuli Moonshine Black Tea)

'차이나 앤 무스카텔 티'로 유명한

오렌지 밸리 & 블룸필드 다원 Orange Valley & Bloomfield Tea Estate

소 유 : 바가리아 그룹 (Bagaria Group)

티품질 : Bioorganic, HACCP, Rainforest Alliance, ETP, Fairtrade, Organic

오렌지 밸리 다원의 티 팩토리와 다원의 전경

오렌지 밸리 다원은 1865년 다르질링시 근처의 **블루마운틴산**Blue Mountain 정상부인 해발고도 **약 1100m~1800m**에 처음 조성되었다. 블룸필드 다원Bloomfield Tea Estate과 합병된 뒤 지금의 '오렌지 밸리 앤 블룸필드 다원Orange Valley & Bloomfield Tea Estate'으로 이름이 바뀌었다. **다원 이름은 주위에서 오렌지나무를 재배하는 데서 유래하였다.** 현재는 인도 티 기업인 바가리아 그룹Bagaria Group이 소유 및 운영 중이다. **다원은 오렌지 밸리**Orange Valley, **블룸필드**Bloomfield, **프레드릭 브룩**Frederick Brook**의 구역으로 나뉘어 있다. 중국종 차나무**China Bushes**와 아삼 하이브리드종**Asam Hybrid**이 바이오오거닉**Bioorganic**으로 재배되고 있다.** 퍼스트 플러시, 세컨드 플러시, 몬순 플러시, 오텀널 플러시를 모두 생산하며, 특히 **중국종 차나무**에서 생산된 **퍼스트 플러시**는 무스카텔 플레이버로 유명하다. **'차이나 앤 무스카텔 티**China and Muscatel Tea**'는 전 세계에 수많은 티 애호가들로부터 많은 사랑을 받고 있다.**

다르질링 오렌지 밸리 퍼스트 플러시 오거닉
(Darjeeling Orange Valley First Flush Organic) TGFOP1

‘툼송 티 휴양지’로 유명한

툼송 다원 Tumsong Tea Estate

소 유 : 차몽 그룹 (Chamong Group)
티품질 : Bioorganic, HACCP

툼송 다원의 티 팩토리와 휴양 리조트로 사용되는 방갈로

툼송 다원은 1867년 **독일 식물학자 J. A. 베르니컬레**Wernickle가 다르질링 동부의 **해발고도 822m~1676m**인 언덕 지대에 처음 조성하였다. 다원의 이름인 툼송Tumsong은 인근의 사찰에서 모시는 힌두교 여신, 탐사 데비Tamsa Devi로부터 유래되었다. 또한 이 다원은 지역에서 ‘해피 하츠 다원The Garden of Happy Hearts’으로도 불린다. **오늘날에는 유기농 다르질링 티**Organic Darjeeling Tea**의 세계 최대 생산 기업인** 차몽그룹Chamong Group**이 소유 및 운영하고 있다.** 다원에서는 100% 순수 중국종 차나무로부터 100% 바이오오거닉 농법으로 티를 생산하고 있다. **히말라야산맥에서 불어오는 차가운 바람으로 인해 새싹의 성장이 매우 더디다.** 퍼스트 플러시**는** 꽃향기**와** 과일 향**이 복합적이면서 풍부하고,** 세컨드 플러시**는 무스카텔 플레이버가 훌륭하여 베스트 다르질링 티로 평가된다.** 이들 티의 대부분은 해외로 수출되고, 국내 소비는 거의 없다. 한편 다원 맞은 편에는 거대한 칸첸중가산Kanchenjunga이 병풍처럼 펼쳐지면서 자연 풍광이 아름다워 차몽 그룹은 다원 한복판의 약 150년 된 **부라 사히브**Burra Sahib의 방갈로를 **‘툼송 티 휴양지** Tumsong Tea Retreat’로 운영하고 있다.

다르질링 툼송 세컨드 플러시
(Darjeeling Tumsong Second Flush)

'빈티지 무스카텔 플레이버'로 유명한

푸심빙 다원 Pussimbing Tea Estate

소　유 : 차몽 그룹 (Chamong Group)
티품질 : Bioorganic, Fairtrade, Rainforest Alliance

푸심빙 다원의 전경과 다원에서 찻잎을 수확하는 모습

푸심빙 다원은 1911년 **영국인 식물학자가 해발고도 1371m~1828m**인 **타이거 힐**Tiger Hill 정상부에 처음으로 조성하였다. 다원의 이름인 '푸심빙Pussimbing'은 **렙차족**의 언어로 '개울들로 가득 찬' 또는 '수원'이란 뜻이다. 실제로 다원에는 경사면을 따라 신선한 개울의 물줄기들이 꼬불꼬불 흐른다. **현재는 차몽 그룹이 소유 및 운영하고 있다.** 약 110년 역사의 이 다원은 크게 **푸심빙**Pussimbing, **라미 & 민주**Lami & Minzoo, 그리고 **코티두라**Kothi Dhura의 세 구역으로 나뉜다. **중국종과 아삼 하이브리드종의 개량종을 100% 바이오거닉 법으로 재배하고 있다.** 티 팩토리는 다원 인근의 발라순강Balason River 근처에 있다. **세 구역 중 최고 등급의 스페셜티 티를 생산하는 곳은 '라미 & 민주 구역'이다.** 퍼스트 플러시, 세컨드 플러시가 모두 유명하지만, 특히 **세컨드 플러시 홍차는 '빈티지 무스카텔 플레이버**Vintage Muscatel Flavor'와 함께 민트 향, 윈터그린Wintergreen(노루발풀), 과일 향이 복합적으로 풍겨 세계적으로 유명하다.

다르질링 푸심빙 서머 차이너리 블랙(Darjeeling Pussimbing Summer Chinary Black)

5. 다르질링 웨스트밸리 (Darjeeling West Valley)

다르질링 웨스트 밸리에도 **지리적표시제**GI로 인증을 받는 다르질링 티 산지의 유명 다원들이 **10여 곳 이상**이나 있다.

바담탐Badamtam, **숨**Soom, **싱톰**Singtom, **스테인탈**Steinthal, **해피 밸리**Happy Valley **등이다.** 여기서는 다르질링 웨스트밸리의 대표적인 다원들과 그곳 홍차에 관하여 간략히 소개한다.

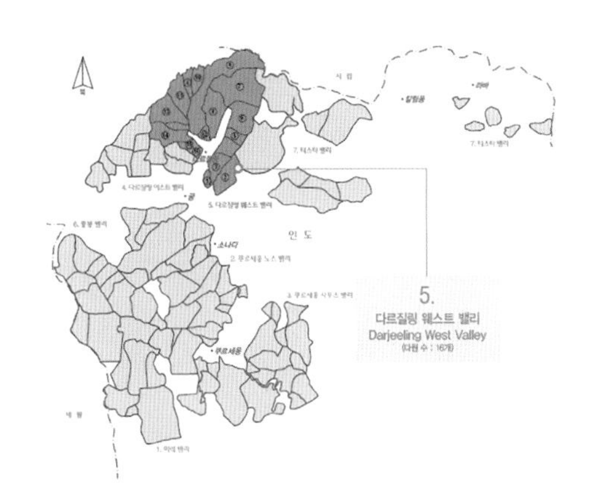

깅 다원의 전경(위)과 해피 밸리 다원의 전경(아래)

유기농 티와 다원 리조트로 유명한

깅 다원 Ging Tea Estate

소　유 : 차몽 그룹 (Chamong Group)

티품질 : Organic

깅 다원의 티 팩토리와 다원의 수확 모습

깅 다원은 1864년 **다르질링 티 컴퍼니**Darjeeling Tea Co.가 **레봉 밸리**Lebong Valley의 **해발 고도 650m~1500m**인 구릉지에 방갈로인 **깅 티 하우스**Ging Tea House와 함께 조성하였다. 깅 다원은 차몽 그룹이 소유한 다원 중에서 규모가 가장 작지만, 100% 유기농법으로 차나무를 재배해 오서독스 방식으로 생산한 티들은 품질이 최고 수준이다. 퍼스트 플러시, 세컨드 플러시, 몬순 플러시, 오텀널 플러시를 수확하여 홍차, 녹차, 백차를 생산하는데, 모두 해외로 수출되고 있다. 또한 방갈로인 **티 하우스**는 다원을 조성할 당시에 영국인 식물학자가 숙소로 지은 빅토리아 시대풍의 건축물로서 문화유산이다. 외관이 훌륭하고, 그곳에서 바라보는 전경도 매우 아름다워 차몽 그룹에서는 휴양을 찾는 사람들을 위하여 리조트로 운영하고 있다.

다르질링 깅 퍼스트 플러시(Darjeeling Ging First Flush) GFOP

세계 최고 품질의 퍼스트 플러시로 전 세계에 마니아층을 둔

바담탐 다원 Badamtam Tea Estate

소 유 : 굿리케 그룹 (Goodricke Group)
티품질 : Bioorganic, Organic, FSSC 22000, Fairtrade, ETP, Rainforest Alliance

바담탐 티 팩토리와 다원의 전경

바담탐 다원은 **크리스틴 버네스**Christine Barnes가 1858년 레봉 밸리의 해발고도 305m~1830m의 산비탈에 처음 조성하였다. 다원 이름인 바담탐은 현지 주민인 **렙차족**Lepcha의 언어로 **'대나무 물통'**을 뜻한다. 1860년대에는 레봉 티 컴퍼니Lebong Tea Company가 인수하여 티의 상업적인 생산을 최초로 시작하여 약 165년의 역사를 자랑하며, **현재는 굿리케 그룹**Goodricke Group**이 소유 및 운영하고 있다.** 다원에서는 중국종과 아삼 하이브리드종의 차나무들을 100% 바이오다이내믹 농법으로 재배하고 있다. 장엄한 모습의 칸첸중가산으로부터 불어오는 서늘한 바람과 기온의 영향으로 찻잎의 성장이 더디지만, **봄철 퍼스트 플러시 유기농 홍차의 꽃향기, 과일 향, 그리고 산뜻한 맛은** 콜카타에서 수많은 품질 **평가회에서 수상할 정도로 세계 최고 수준이다.** 전 세계에 폭넓은 마니아층을 두고 있다.

다르질링 바담탐 퍼스트 플러시 문라이트(Darjeeling Badamtam First Flush Moonlight)

다르질링에 중국종 차나무를 처음 심은 역사적 산지,

배녹번 다원 Bannockburn Tea Estate

소 유 : 차몽 그룹 (Chamong Group)

티품질 : Organic, Fairtrade, Rainforest Alliance

배녹번 다원 티 팩토리 전경과 다원에서 찻잎을 수확하는 모습

배녹번 다원은 영국 정부가 1850년 다르질링 지역에 다원을 처음 조성하기 시작한 시대에 영국인들이 **중국종 차나무를 가져와 처음으로 심었던 역사적인 산지**이다. **해발고도는 580m~1706m이다.** 다원 이름은 1314년 스코틀랜드 국왕 로버트 브루스Robert Bruce, 1274~1329가 잉글랜드 국왕 에드워드 2세Edward II, 1284~1327를 패배시키고 독립을 쟁취했던 스코틀랜드 중부 도시 배녹번의 지명을 따 붙였다. **현재는 차몽 그룹이 소유 및 운영하고 있다.** 175년의 역사를 자랑하는 다르질링 초창기의 이 다원에서는 중국종의 차나무를 100% 유기농으로 재배해 오서독스 방식으로 티를 생산한다. 특히 싱글 이스테이트 스페셜티 홍차는 균형 잡힌 향미로 유명한데, **세계 티 경연 대회**에서 **수상**하였을 정도로 **세계 최고 수준이다.** 또한 히말라야산맥의 에베레스트산이 마주 보여 **차몽 그룹**이 현재는 **배녹번 티 방갈로**Bannockburn Tea Bunglow를 다원 휴양지로서 홈스테이를 운영하고 있다.

다르질링 배녹번 퍼스트 플러시 오거닉(Darjeeling Bannockburn First Flush Organic) SFTGFOP1

인도 티 기업, 굿리케 그룹 최고의 다르질링 티 산지

버네스벡 다원 Barnesbeg Tea Estate

소 유 : 굿리케 그룹 (Goodricke Group)
티품질 : Bioorganic, Fairtrade, Rainforest Alliance, ETP, FSSC 22000

버네스벡 다원의 티 팩토리와 다원의 전경

버네스벡 다원은 영국인 재배자인 **크리스틴 버네스**Christine Barnes가 1877년 레봉 밸리 북서쪽의 **해발고도 300m~1300m**인 구릉지에 처음 조성하였다. 다원의 이름인 버네스벡은 '버네스의 다원'이라는 뜻이다. **굿리케 그룹이 소유 및 운영하는 다르질링 다원들 중에서 최고 품질의 티를 생산한다.** 이 다원은 다원을 조성할 초창기부터 중국종 차나무의 씨앗을 심어 재배하였다. **이로 인해 수령이 오래된 중국종 차나무들이 지금도 많다.** 바이오오거닉 농법으로 재배하는 중국종 차나무로부터 생산된 유기농 홍차와 녹차, 백차는 품질이 높다. 특히 **홍차**는 풀 **바디감**Full Bodied이 강하고 **맛이 자극적이기로 유명하며**, 녹차는 다르질링 녹차 중에서도 최고의 품질을 자랑한다. 다원 북쪽에 칸첸중가산이 멀리 펼쳐져 보여 자연경관도 매우 아름답다.

다르질링 버네스벡 프리미엄 퍼스트 플러시(Darjeeling Barnesbeg Premium First Flush) FTGFOP1

수령 130년 이상의 중국종 차나무로 유명한

숨 다원 Soom Tea Estate

소 유 : 차몽 그룹 (Chamong Group)

티품질 : Bioorganic, SQF

숨 다원의 티 팩토리와 다원에서 수확하는 모습

숨 다원은 영국인 선장 **J. 저던**Jerden이 1860년 **다르질링 힐스**의 **해발고도 약 1600m**인 고지대에 처음 조성하였다. 다원 이름인 '숨Soom'은 **렙차족**의 언어로 '삼각형'을 뜻한다. 다원의 대지가 삼각형 모양인 데서 유래되었다. 19세기 중반 다원을 조성한 초창기부터 약 100년 동안 영국의 다국적 기업, 윌리엄슨 & 마고Williamson & Magor가 소유 및 운영하였지만 2001년부터 **차몽 그룹**이 인수해 운영하고 있다. **이 다원에서는 처음 조성될 당시부터 순수 중국종의 차나무를 심었다. 현재는 수령 약 130년 이상의 중국종들을 100% 바이오 오거닉으로 재배하여 전통적인 오서독스 방식으로 홍차를 생산한다.** 수령이 높은 차나무로부터 생산된 퍼스트 플러시, 세컨드 플러시, 오텀널 플러시의 홍차는 천연 향미로 유명하다. 특히 퍼스트 플러시는 **무스카텔 플레이버**가 독특하다. **이들 티는 대부분 독일을 비롯해 유럽으로 수출하고 있다.**

다르질링 숨 퍼스트 플러시(Darjeeling Soom First Flush) TGFOP1

다르질링 최초의 다원,

스테인탈 다원 Steinthal Tea Estate

소　유 : 치리마르 일가 (Chirimar Family)

티품질 : Organic

싱톰 & 스테인탈 다원의 유산인 방갈로와 스테인탈 다원의 전경

스테인탈 다원은 독일인 선교사 **요하임 스토엘케**Joachim Stoelke가 1852년 **해발고도 1066m~1981m**의 구릉지에 설립한 **다르질링 최초의 다원**이다. 다원의 이름은 당시 현지인들이 스토엘케 선교사를 친근하게 불렀던 이름인 '파더 스테인탈Father Steinthal'로부터 유래되었다. 차나무의 재배는 당시 영국 정부가 보급한 차나무의 씨앗을 파종하면서 시작되었다. 1999년 콜카타 출신의 **치리마르 일가**Chirimar Family가 인수하여 **싱톰 다원**Singtom Tea Estate과 함께 통합하였다. 오늘날에는 흔히 '**싱톰 & 스테인탈 다원**Singtom & Steinthal Tea Estate'이라고 부른다. **싱톰 다원과는 자매 다원의 관계이다. 1999년부터 재배 방식을 유기농법으로 전환하여 유기농 홍차, 녹차, 백차를 생산하고 있다.** 퍼스트 플러시, 세컨드 플러시, 인비트윈 플러시Inbetween Flush를 주로 생산하는데, 특히 퍼스트 플러시, 세컨드 플러시 **SFTGFOP1** 등급의 홍차는 **무스카텔 플레이버**가 최고 수준이다.

다르질링 퍼스트 플러시 스테인탈 바이오
(Darjeeling Fisrt Flush Steinthal Bio) SFTGFOP1

다르질링에서 두 번째로 오래된 다원,

싱톰 다원 Singtom Tea Estate

소 유 : 치리마르 일가 (Chirimar Family)

티품질 : Organic

싱톰 & 스테인탈 통합 다원의 티 팩토리와 싱톰 다원의 수확 모습

싱톰 다원은 1852년 스테인탈 다원을 조성하였던 독일인 선교사 **요하임 스토엘케**Joachim Stoelke가 1854년 **해발고도 약 1370m~1790m**인 구릉지에 설립하여 **다르질링에서 두 번째로 오래된 다원이다.** 초창기 다원의 이름은 이곳에 표범과 호랑이가 많이 서식하여 지역 주민들이 '표범과 호랑이의 집'이라는 뜻으로 '싱탐Singtam'이라고 불렀던 데서 유래한다. 1999년 콜카타 출신의 치리마르 일가가 스테인탈 다원Steinthal Tea Estate과 통합하였다. **이때부터 스테인탈 다원과 함께 차나무의 재배가 유기농법으로 전환되었다. 다원을 처음 설립할 당시 심었던 중국종의 차나무들이 지금까지도 자생하고 있다.** 이로부터 생산된 퍼스트 플러시와 세컨드 플러시, 그리고 **인비트윈**Inbetween**의 홍차는 향미가 훌륭하기로 유명하며,** 녹차, 백차도 최고급 유기농 티로 명성을 자랑한다. 또한 **다원은 숲이 울창하여 휴양지로도 인기가 높다. 1862년 건축한 옛 방갈로를 2014년 치리마르 일가가 리조트로 개장해 지금은 인도 최고의 티 리조트 호텔**Tea Resort Hotel**로 이름을 날리고 있다.**

다르질링 싱톰 오거닉 퍼스트 플러시
(Darjeeling Singtom Organic First Flush) FTGFOP1

다르질링 최초의 상업적 다원,

푸타봉/툭바르 다원 Puttabong/Tukvar Tea Estate

소　유 : 자이슈리 티 앤 인더스트리 (Jay Shree Tea & Industries Ltd)

티품질 : HACCP, Organic, ISO 9002

푸타봉 다원의 티 팩토리와 다원에서 찻잎을 운반하는 모습

푸타봉 다원은 1852년 영국인 재배자인 **아치볼드 캠벨 박사**Dr. Archibald Campbell가 **다르질링 힐스** 최북단 **풀바자르**Pulbazar의 **해발고도 600m~2200m**인 산비탈에 처음 조성하였는데, **다르질링 최초의 상업적인 다원이기도 하다.** 조성 당시에는 '**툭바르 다원**Tukvar Tea Estate'이라고 불렀다. 1967년부터 자이슈리 티 앤 인더스트리Jay Shree Tea & Industries Ltd가 소유 및 운영하고 있다. **현재 다원은 다르질링에서도 매우 큰 규모로서 총 5개의 구역으로 나뉘어 운영되고 있다.** 이곳에서는 주로 중국종, AV2 클로널종의 차나무들을 재배한다. **이 클로널종으로 생산한 푸타봉 클로널 티**Puttabong Clonal Tea '**홍차는 매우 유명하다.** 퍼스트 플러시, 세컨드 플러시, 오텀널 플러시의 유기농 홍차와 녹차, 그리고 실버 티피 티Silver Tippy Tea **등을 생산한다.** 특히 이 다원은 다르질링 퍼스트 플러시 티의 **최고 기술자들이 종사하는 곳**으로도 유명하다. **또한 방갈로는 티 리조트로 운영하면서 홈스테이를 열고 있다.**

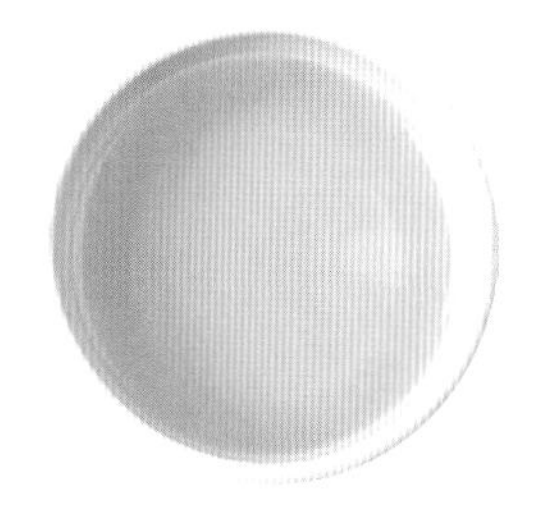

다르질링 푸타봉 퍼스트 플러시 플라워리 클로널 티(Darjeeling Puttabong First Flush Flowery Clonal Tea) FTGFOP1

스페셜티 퍼스트 플러시 홍차로 유명한

퓹세링 다원 Phoobsering Tea Estate

소 유 : 차몽 그룹 (Chamong Group)

티품질 : Organic

퓹세링 다원의 티 팩토리와 다원에서 찻잎을 수확하는 모습

퓹세링 다원은 다르질링 **티 컴퍼니**Darjeeling Tea Company가 1856년~1860년 풀바자르Pulbazar의 **해발고도 약 900m~1800m**인 구릉지에 처음으로 조성하였다. **다르질링 웨스트 밸리에서는 가장 오래된 다원이다.** 다원 이름은 다원의 첫 감독관의 이름인 푸루푸 체링Phurpu Tshering에서 유래되었다. **현재는 차몽 그룹이 소유 및 관리하고 있다.**

다원에서는 수령 100년 이상이나 된 순수 중국종 차나무를 유기농법으로 재배하여 100% 유기농 티를 생산하고 있다.

스페셜티 퍼스트 플러시 티 Specialty First Flush Tea는 향미가 신선한 꽃향기와 **그린애플 향**, 무스카텔 플레이버가 복합적으로 풍기고 맛이 균형감이 훌륭하여 <**그레이트 테이스트 어워드**the Great Taste Awards>에서 다수의 수상 경력이 있다.

세컨드 플러시의 홍차도 무스카텔 플레이버가 좋기로 유명하다.

다르질링 퓹세링 퍼스트 플러시
(Darjeeling Phoobsering First Flush) FTGFOP1

다르질링 다원 중 가장 늦게 수확하는

해피 밸리 다원 Happy Valley Tea Estate

소 유 : 암부티아 그룹 (Ambootia Group)
티품질 : Organic

해피 밸리 다원의 티 팩토리와 다원의 아름다운 전경

해피 밸리 다원은 1854년 영국인 **데이비드 윌슨**David Wilson이 해발고도 약 500m~2100m의 고지대 처음 조성한 뒤 1860년부터 차나무의 재배에 본격적으로 들어갔다. 당시에는 '윌슨 다원Wilson Tea Estate'이라 불렀지만, 1929년 타라파다 바네르지Tarapada Banerjee가 인수한 뒤 주위의 윈저 다원Windsor Tea Estate과 합병하면서 다원 이름을 지금의 **해피 밸리 다원**으로 바꾸었다. 현재는 '암부티아 그룹Ambootia Group'이 소유 및 운영하고 있다. **이 다원은 티 팩토리를 비롯하여** 다르질링 다원들 중에서도 가장 높은 곳에 자리하며, **수령이 약 80년에서 최대 150년이나 된 중국종의 차나무들이 지금도 100% 유기농법으로 재배되고 있다.** 해발고도가 높아 운무가 많이 끼고 서늘한 기후로 수확기가 늦어 **다르질링 다원들 중에서 가장 늦게까지 티가 생산된다.** 특히 **퍼스트 플러시**와 **세컨드 플러시**의 홍차의 신선한 **무스카텔 향미**는 세계 최고 품질로서 세계 유명 티 브랜드에서 판매된다.

다르질링 해피 밸리 세컨드 플러시 클로널 블랙(Darjeeling Happy Valley Second Flush Clonal Black) SFTGFOP1

6. 룽봉 밸리 (Rungbong West Valley)

룽봉 밸리에는 **지리적표시제**GI로 인증을 받는 다르질링 티 산지의 유명 다원들이 약 6곳 정도 있다. 여기서는 고팔다라Gopaldhara, 숭마Sungma, 아본그로브Avongrove 다원 등과 함께 그곳의 홍차에 관하여 간략히 소개한다.

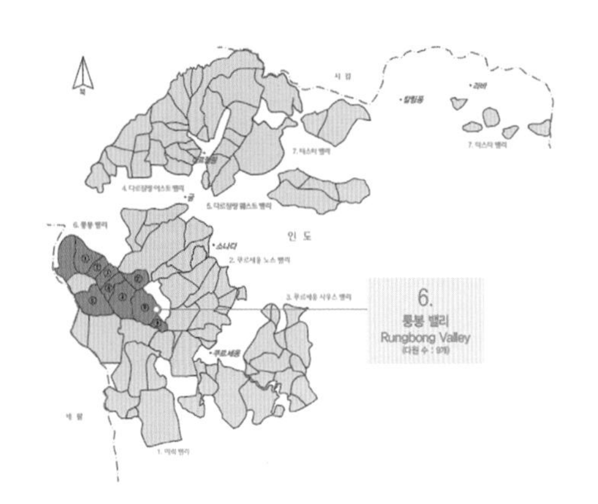

룽봉 밸리에 있는 다지아 다원의 전경

아본그로브 다원의 수확기 모습

세계에서 해발고도가 가장 높은 다원,

고팔다라 다원 Gopaldhara Tea Estate

소　유 : 사리아 일가 (Saria Family)

티품질 : HACCP

고팔다라 다원의 표지판과 다원의 전경

고팔다라 다원은 1881년 미릭 밸리Mirik Valley 북동쪽 사면인 롱봉 밸리Rongbong Valley에 **해발고도 1676m~2133m**인 고지대에 차나무를 처음 재배하였고, 1918년 티 팩토리를 설립하여 티를 처음 생산하였다. **미릭 밸리와 접해 있어 위치를 미릭 밸리로 보는 사람도 있다.** 다원 이름은 당시 땅 소유주의 이름인 고팔Gopal과 자연 하천들이 많이 교차한다는 뜻의 '다라Dhara'가 합성된 것이다. 현재는 소나 티 그룹Sona Tea Group의 지휘를 받으면서 달찬드 사리아Dalchand Saria 일가의 후손들이 고팔다라 티 컴퍼니Gopaldhara Tea Company Pvt Ltd를 통해 다원을 관리 및 운영하고 있다. 이 다원은 다르질링 다원 중에서도 가장 높은 곳에 있으며, **AV2 클로널종의 차나무로부터 수작업으로 찻잎을 수확해 오서독스 방식으로 티를 생산하고 있다.** 퍼스트 플러시, 세컨드 플러시 홍차를 생산하고, 녹차, 백차, 우롱차인 펄티Pearl Tea, 스페셜티 티, 플레이버드 티 등도 생산하고 있다. **특히 퍼스트 플러시, 세컨드 플러시 홍차는 다르질링 최고의 품질로 인정을 받고 있다.**

다르질링 고팔다라 골든 팁스 세컨드 플러시(Darjeeling Gopaldhara Golden Tips Second Flush)
FTGFOP1 골드 와이어(Gold Wire)

낙농 농장에서 룽봉 밸리 최고 다원이 된

나그리 팜 다원 Nagri Farm Tea Estate

소　유 : 차몽 그룹 (Chamong Group)

티품질 : Bioorganic, Fairtrade

나가리 팜 다원의 티 팩토리와 찻잎을 수확하는 모습

나그리 팜 다원은 영국 사람인 **그린힐**Greenhill이 1857년 조레붕글로Jorebunglow 계곡에 낙농 농장Diary Farm을 설립하였는데, 이곳이 1883년 차나무를 재배하는 다원으로 완전히 전환되어 지금은 약 140년의 역사를 자랑하고 있다. 그런데 팜Farm이라는 용어가 그대로 사용되면서 다원 이름이 '나그리 팜 다원'이 된 것이다. **현지에서는 이 다원을 '마쿠르중Makurjung'이라고도 부른다. 다원의 해발고도는 800m~2000m으로 비교적 높으며, 중국종의 차나무만을 100% 바이오오거닉 농법으로 재배하고 있다. 현재는 차몽 그룹이 인수하여 로히아 다원**Lohia Tea Estate**의 관리자들을 파견해 운영하면서** 룽봉 밸리 최고 수준의 다르질링 홍차를 생산하고 있다. **중국종의 차나무**로부터 만든 **바이오오거닉 퍼스트 플러시, 세컨드 플러시**의 홍차는 품질이 매우 높기로 유명하다. 현재 이 다원은 현재 휴양을 위해 찾는 여행객들이나 티 애호가들을 위하여 개방하고 홈스테이를 운영하고 있다.

다르질링 나그리 세컨드 플러시
(Darjeeling Nagri Second Flush) FTGFOP1

다르질링에서 가장 아름다운 다원,

숭마 & 투르줌 다원 Sungma & Turzum Tea Estate

소　유 : 자이슈리 티 앤 인더스트리 (Jay Shree Tea & Industries Ltd)
티품질 : HACCP, Organic, Fairtrade, ISO 9001

숭마 다원의 전경과 찻잎을 수확하는 모습

숭마 다원은 영국인 재배자가 1863년~1868년 **해발고도 1100m~1700m**의 언덕에 처음 조성하였다. 숭마Sungma는 티베트어로 '버섯이 자라는 땅'이라는 뜻의 상가마루Sanga Maru'로부터 유래되었다. 1934년 대지진으로 티 팩토리가 파괴되면서 투르줌 다원Turzum Tea Estate과 통합되었다. 투르줌은 현지어로 '주말에 서는 장터'를 뜻하는 '타루줌Taru Zum' 에서 유래되었다. **현재는 자이슈리 티 앤 인더스트리가 소유 및 운영한다. 다원에서는 순수 중국종과 아삼 하이브리드종을 주로 재배하고 있다.** 이로부터는 유기농 홍차, 유기농 녹차, 우롱차, 백차, 클로널 티를 생산하며, **특히 홍차**는 **퍼스트 플러시, 세컨드 플러시**는 **무스카텔 플레이버**로 유명하다. 한편 다원은 약 3000그루의 소나무가 울창한 숲을 이루고, 밸리가 한눈에 내려다보이는 등 다르질링중에서 자연경관이 가장 아름답기로 유명하다.

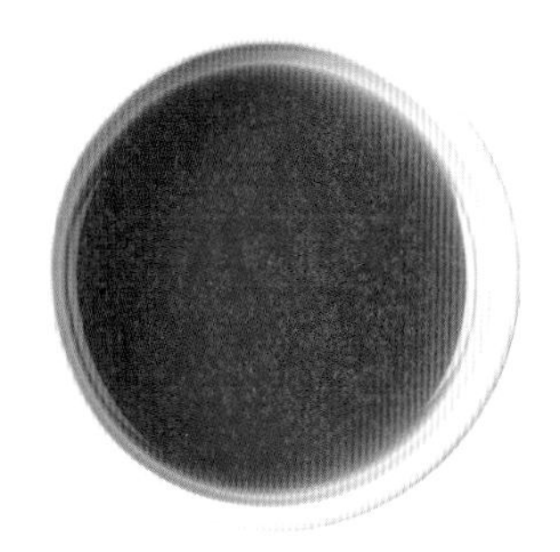

다르질링 숭마 세컨드 플러시(Darjeeling Sungma Second Flush) FTGFOP1 무스카텔(Muscatel)

다르질링 전통 공예차, '플로레테 (Florette)'로 유명한

아본그로브 다원 Avongrove Tea Estate

소　유 : KPL 인터내셔널 (KPL International Ltd)
티품질 : HACCP, Organic

아본그로브 다원의 티 팩토리와 다원의 아름다운 전경

아본그로브 다원은 1873년경에 **해발고도 670m~1737m**인 산비탈에 처음 조성되었으며, 1889년 티 팩토리를 설립하여 티 생산에 나섰다. 다원 이름인 '아본그로브Avongrove'는 현지어로 '새의 둥지Bird's Nest'를 뜻한다. 1980년대부터 약 20년 동안 운영되지 않았지만, 차 전문가인 아난드 카노리아Anand Vardhan Kanoria가 부활시켜 2008년에 KPL 인터내셔널KPL International Ltd이 인수하였다. 이 다원은 발라순강Balasun River을 끼고 있어 다른 다원들과 달리 연중 물이 풍부하여 **차나무의 재배에 최적 조건이다. 차나무 대부분이 중국종과 그 클로널종이고, 나머지는 아삼종이다. 100% 유기농법으로 차나무를 재배해 퍼스트 플러시, 세컨드 플러시, 오텀널 플러시 홍차를 생산하며, 백차, 우롱차, 녹차, 로스티드 티**Roasted Tea **등도 생산한다.** 특히 다르질링의 전통 공예차인 '플로레테Florette'는 매우 유명하다. **플로레테는 찻잎을 꽃 모양으로 묶어 뜨거운 물로 우리면 꽃이 피듯이 벌어지는** 공예차**이다.**

다르질링 아본그로브 유포리아 블랙 티(Darjeeling Avongrove Euphoria Black Tea)

칼럼

세컨드 플러시의 고품질 수확을 위한
반지 채엽 (Banjhi Plucking)

인도 다르질링의 다원에서 반지(Banjhi) 수확에 나선 모습

* 다르질링 다원에서는 **퍼스트 플러시**, 세컨드 플러시, **오텀널 플러시** 외에 또 다른 수확기가 있다. 한 해에 첫 수확한 뒤 두 번째 수확에서 품질이 높은 세컨드 플러시를 얻기 위해 채엽하는 것을 '**반지 채엽**Banjhi Flucking'이라고 한다.

*** 차나무에서 퍼스트 플러시를 수확하고 나면 차나무는 휴면기에 들어간다.**
휴면기는 첫 수확 후 1개월 정도 된다. 이를 '반지기Banjhi Period'라고 한다.

* 이 반지기에는 크고 딱딱하고 질긴 찻잎들이 돋아나는데, 대개 품질이 좋지 못하다. **이로 인해 다르질링 다원에서는 약 2주 동안 이러한 찻잎들을 솎아내기 위하여 채엽 작업을 진행한다. 이 채엽 작업이 반지 채엽으로서 세컨드 플러시의 품질을 확보하기 위한 준비 작업이다.**

 7. 티스타 밸리 (Teesta Valley)

티스타 밸리 지역은 북쪽으로 시킴주와 접해 있으며, 다원들은 여러 곳에 분포해 있다. 지리적표시제GI**로 인증을 받는 다르질링 티 산지의 유명 다원들이 약 10여 곳 정도 된다.** 여기서는 그중 일부 다원들을 소개한다.

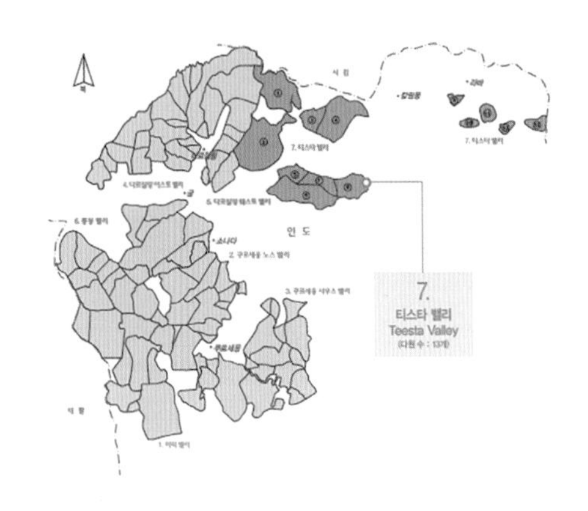

글렌번 다원의 전경

티스타 밸리에서 바라보이는 히말라야산맥의 칸첸중가산

풀 바디감과 견과류 향의 세컨드 플러시로 유명한

글렌번 다원 Glenburn Tea Estate

소　유 : 프라케시 일가 (Prakashes Family)
티품질 : Organic

글렌번 다원의 방갈로와 수확기의 모습

글렌번 다원의 차광수(Shadow Tree)와 차밭의 아름다운 전경

글렌번 다원은 1859년 스코틀랜드 티 기업이 룽기트강Rungeet River 인근의 **해발고도 244m~985m**인 구릉지에 처음 조성하였다. **현재는 인도의 차나무 재배에 선구적인 가문인 프라케시 일가**Prakashes Family**에 의하여 운영되고 있다.**

울창한 숲으로 둘러싸인 다원에는 **19세기 처음 파종**되어 **수령이 100년이 넘는 중국종의**

차나무와 아삼 지역으로부터 들여온 **아삼종**, 그리고 **클로널 품종**들이 100% 바이오오거닉 농법으로 재배되고 있다.

다원에서는 3월에 첫 수확해 생산하는 **퍼스트 플러시**, 5월 여름철에 생산하는 **세컨드 플러시**, 7월~9월의 몬순기의 찻잎들을 아삼 홍차와 블렌딩하는 **브렉퍼스트 블렌드**(잉글리시, 얼 그레이)가 있다. **그리고 10월~11월의 오텀널 플러시는 향미가 신선하고 달콤하여 마치 세컨드 플러시 홍차와 비슷하다.**

그 외에 스페셜티 티로 녹차, 백차, 우롱차도 생산하고 있다.

퍼스트 플러시 홍차는 맛이 산뜻하고 향이 풍부하면서 품질이 높아 국제 프리미엄 티 시장에서만 판매한다. 세컨드 플러시 홍차는 견과류 향과 풀 바디감이 넘쳐 글렌번 다원 브랜드에서도 가장 유명한 티이다.

또한 골든 티피 아삼 Golden Tippy Assam**은 싱글 몰티 티로 유명하다.**

한편 이 다원은 장엄한 **칸첸중가산**이 파노라마틱하게 펼쳐지는 아름다운 경관으로 유명하여 글렌번 다원에서는 **부라 방갈로**Burra Bungalow, **워터릴리 방갈로**The Water Lily Bungalow를 **부티크 호텔로 전환**하여 휴양을 찾는 사람들을 위하여 운영하고 있다.

다르질링 글렌번 퍼스트 플러시 티(Darjeeling Glenburn First Flush Tea)

다르질링 글렌번 세컨드 플러시 티(Darjeeling Glenburn Second Flush Tea)

인도에서 두 번째로 큰 다원,

남링 다원 Namring Tea Estate

소 유 : 다르질링 임펙스 (Darjeeling Impex)

티품질 : Organic, Rainforest Alliance, Fairtrade, ETP

남링 다원의 티 팩토리와 다원의 전경

남링 다원은 다르질링 티 컴퍼니 Darjeeling Tea Company**가 1855년에 해발고도 약 1000m~1700m인 언덕에 처음 조성하였다.** 인도에서도 두 번째로 큰 다원으로서 크게 상부Upper와 하부Lower로 구분되고, 또한 3개의 티 가든으로 세분되어 있다. **푸몽 티 가든**Poomong Tea Garden, **징람 티 가든**Jinglam Tea Garden, 그리고 **남링 티 가든**Namring Tea Gaden이다. 다원 이름인 남링Namring은 렙차족 언어로 승려인 '라마Lama'라는 뜻이다. 현재는 인도 티 기업, 다르질링 임펙스Darjeeling Impex가 소유 및 관리하고 있다. 해발고도 1000m에 있는 티 팩토리는 인도에서도 가장 오래된 곳이다. 중국종의 차나무가 약 60%, 클로널종이 30%, 아삼 하이브리드종이 10%를 차지하며 모두 유기농법으로 재배한다. **다원에서는 퍼스트 플러시, 세컨트 플러시, 레이니 플러시**Rainy Flush**, 오텀널 플러시의 홍차를 생산한다. 특히 싱글 이스테이트 티**Single Estate Tea'**와 유기농 퍼스트 플러시의 무스카텔 플레이버**는 훌륭하여 세계적으로 유명하다. **그 외 스페셜티 티로서 녹차, 백차, 우롱차 등도 생산한다.**

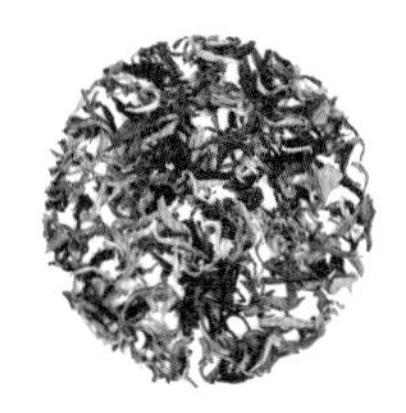

다르질링 남링 퍼스트 플러시 허니 듀 블랙 티(Darjeeling Namring First Flush Honey Dew Black Tea) STGFOP1

무스카텔, 스모키 향미로 유명한 '롭추 골든 오렌지 페코'의

롭추 다원 Lopchu Tea Estate

소 유 : 카노리아 일가 (Kanoria Family)
티품질 : Organic

롭추 다원의 티 팩토리와 다원의 전경

롭추 다원은 1860년대 영국 출신 **랭모어 일가**Langmore Family가 **해발고도 약 1463m**의 언덕에 처음 조성하였다. 다원 이름인 롭추Lopchu는 다원을 처음 조성할 당시에 이곳에 많이 거주하였던 '렙차족Lepcha'을 가리키는 토착어이다. **현재는 카노리아 일가**Kanoria Family**가 소유 및 운영하고 있다.** 다원에서는 중국종의 차나무들을 유기농법으로 재배하여 티를 생산한다. **특히 티에서 독특하게 풍기는** 몰티 향, 스모키 향**과 함께** 풀 바디감**은 세계적으로 유명하다. 티의 대부분은 미국, 유럽, 일본으로 수출되고 있다.** 꽃향기가 향긋한 푸른색 포장재의 플라워리 오렌지 페코 티Flowery Orange Pekoe Tea, 무스카텔 플레이버, 스모키 향이 풍부한 붉은색 포장의 골든 오렌지 페코 티Golden Orange Pekoe Tea는 전 세계의 티 애호가들에게 인기가 매우 높다.

다르질링 롭추 골든 오렌지 페코 리프 티
(Darjeeling Lopchu Golden Orange Pekoe Leaf Tea) GOP

싱글 이스테이트 다르질링 티가 전문인

미션 힐 다원 Mission Hill Tea Estate

소　유 : 아샤 티 컴퍼니 (Asha Tea Co. Pvt. Ltd.)

티품질 : Organic, HACCP, Rainforest Alliance, ETP, Trustea, ISO 9001, ISO 2200

미션 힐 다원의 티 팩토리로 가는 이정표와 다원의 전경

미션 힐 다원은 스코틀랜드 선교사들이 1917년 **고루바탄**Gorubathan 지역의 **해발고도 396m~762m**인 비교적 낮은 지대에 처음 조성하였다. 다원 이름은 선교사들이 이곳에 있었다는 뜻에서 붙었다. 1922년 차나무가 본격적으로 재배되고, 1928년 티 팩토리가 설립되었다. **현재 아샤 티 컴퍼니**Asha Tea Co Pvt Ltd**가 소유 및 운영하고 있다. 이 다원에서는 중국종과 클로널종의 차나무를 재배하여 오서독스 방식으로 티를 생산하는데, 홍차 외에 백차, 우롱차도 스페셜티 티로 생산하고 있다.** 특히 **싱글 이스테이트 티**를 전문적으로 생산하고, **퍼스트 플러시 티**는 **세계 품질 경연 대회**에서 **대상을 차지한 티로서 티 애호가들** 사이에서는 매우 유명하다.

다르질링 미션힐 퍼스트 플러시
(Darjeeling Mission Hill First Flush) FTGFOP1

강수량이 집중되는 몬순기에 첫 수확이 시작되는

탁다/툭다 다원 Takdah/Tukdah Tea Estate

소 유 : 차몽 그룹 (Chamong Group)
티품질 : HACCP, Bioorganic

툭다 다원의 티 팩토리와 다원의 수확기 모습

툭다(탁다) **다원**은 **영국 정부**가 인도 다르질링에 다원을 조성할 시대인 1864년에 **해발고도가 762m~1981m**인 산비탈에 처음 조성하였다. 인도 티 업계에서는 유산 다원이다. 다원 이름인 '탁다Takdah'는 렙차족의 언어로 '호랑이의 서식지The Place of Tigers'라는 뜻이다. 현지에서는 '툭다 다원Tukdha Tea Estate'이라고도 한다. **현재 차몽 그룹이 소유 및 운영하고 있다. 다원에서는 중국종의 차나무를 100% 바이오오거닉 농법으로 재배해 오서독스 방식으로 다양한 유기농 티를 생산한다.** 독특한 점은 다르질링에서 강수량이 집중되는 몬순기에 첫 수확이 이루어진다는 점이다. 특히 퍼스트 플러시와 세컨드 플러시는 전 세계에서 가장 수요가 높아 미국, 일본, 영국, 중동으로 수출되고 있다. 싱글 이스테이트 티로서 TWG에서 판매되는 **퍼스트 플러시**는 그린-실버 팁이 풍부하고 **복숭아, 바나나 향**으로 유명하다. 한편 아름다운 자연경관과 다르질링시에서 지리적으로 가까운 점을 활용하여 홈스테이를 운영하고 있다.

다르질링 툭다 퍼스트 플러시
(Darjeeling Tukdah First Flush) FTGFOP1

차몽 그룹의 슈리 드와리카 다원(Shree Dwarika Tea Estate)을 방문한 저자 홍차언니

위조실과 티 테이스팅 룸에서의 홍차언니

PART 4

아삼 다원Assam Tea Estate의 홍차 이야기

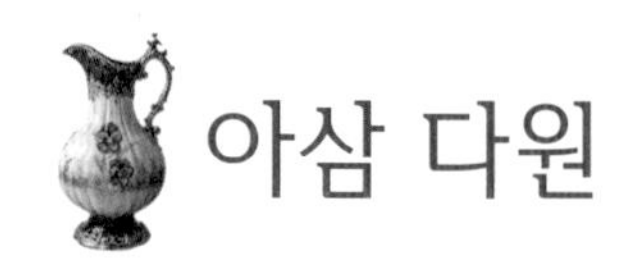

아삼 다원

아삼 다원의 역사는 아삼종 Camellia Sinenses var. Assamica**의 차나무가 발견된 뒤 1820년대부터 시작되었다.**
아삼은 인도 북동부의 히말라야산맥 산기슭 아래의 비교적 낮은 평지이다.

브라마푸트라강Brahmaputra River이 가로지르는 이곳은 크게 **북동부**의 **브라마푸트라 밸리**Brahmaputra Valley, 중앙부의 **카르비**Karbi, **카차르 힐스**Cachar Hills, 그리고 남부의 **바락 밸리**Barak Valley로 구성되어 있다. **이곳은 전 세계에서 가장 넓은 차나무 재배지이자, 강한 몰티 향이 특징인 CTC 홍차의 원산지이기도 하다.**
여기서는 아삼의 대표적인 다원들과 그곳의 홍차 이야기를 소개한다.

굿리케 그룹의 아삼 지역 다원

200년 역사를 자랑하는 티 기업, 아삼 컴퍼니 인디아의

그린우드 다원 Greenwood Tea Estate

소 유 : 아삼 컴퍼니 인디아 (ACIL, Assam Company India Limited)
티품질 : 프리미엄 티

그린우드 다원은 신록의 풍광이 아름다워 매혹적이다. 다원의 이름도 이로 인해 '그린우드Greenwood'로 붙게 되었다. 이 다원은 **브라마푸트라강** 남부의 디부르가르 구역Dibrugarh District에 자리하고 있다. 현재는 1839년 설립되어 **200년** 역사를 자랑하는 인도의 대표 티 기업인 **아삼 컴퍼니 인디아**ACIL, Assam Company India Limited가 소유 및 운영하고 있다.

이 다원은 대부분의 면적을 차나무의 재배 및 홍차 생산에 활용하고 있다.

다원의 연간 티 생산량은 약 1000톤이다.

오서독스 방식과 **CTC 방식**으로 생산한 톱 클래스의 프리미엄 홍차는 색상과 향미에서도 깊이가 있어 **영국, 프랑스** 등에서도 인기가 높아 **벳주만 앤 바통**Betjeman & Barton 등 **유명 티 브랜드에서도 판매되고 있다.**

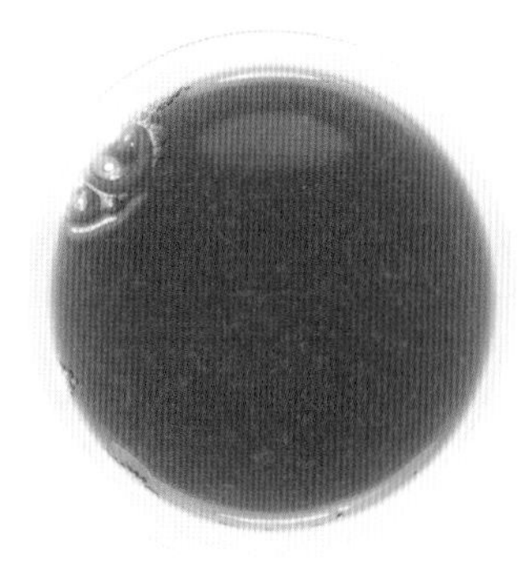

아삼 그린우드 이스테이트 티(Assam Greenwood Estate Tea) TGFOP

19세기 초 '영국 런던 옥션'으로 아삼 티를 최초로 보낸

남상 다원 Namsang Tea Estate

소 유 : 로젤 티 컴퍼니 (Rossell Tea Company)
티품질 : FSSC 22000

남상 다원의 전경과 찻잎을 수확하는 인부들

남상 다원은 아삼의 상부 지역인 디브루가르 구역Dibrugarh District의 제이포레Jeypore 지역에 있다. **1837년 차나무의 시험 재배가 이루어진 뒤 아삼 티로서는 최초로 1838년 '영국 런던 옥션'에 보내진 12상자의 티 박스에 포함되었다.** 인도 초창기 다원 중의 한 곳으로 약 186년의 풍부한 역사와 유산을 자랑한다. 다원 이름인 남상Namsang은 현지어로 '지구상의 진정한 천국'이라는 뜻이다. **현재는 '로젤 티 컴퍼니Rossell Tea Company'가 인수하여 소유 및 운영 중이다. 이 다원에서는 아삼종의 찻잎을 오직 수작업으로 수확하여 오서독스 홍차와 CTC 홍차를 생산하는데, 스페셜티 티로서 품질이 매우 높고,** 세컨드 플러시 **티는 볼드Bold하고, 몰티Malty 향이 풍부하면서 풀 바디감이 훌륭하기로 유명하다.** 또한 이 다원은 제이포레 보호구역Jeypore Protected Biosphere과 부리데힝강Buri Dehing River 사이의 울창한 열대우림 지역에 있어 경관이 매우 아름다워 관광객들에게도 인기가 매우 높다.

아삼 남상 서머 블랙 세컨드 플러시(Assam Namsang Summer Black Second Flush) STGFOP1

영국에서 '브렉퍼스트 티'로 유명한

누드와 다원 Nudwa Tea Estate

소　유 : 아삼 컴퍼니 인디아 (ACIL, Assam Company India Limited)
티품질 : FSSC 22000

누드와 다원의 아름다운 전경과 찻잎을 수확하는 여성들

이 다원은 디브루가르 구역Dibrugarh District 내의 딘잔 시내Dinjan Stream를 따라 조성되어 있다. 다원 이름인 누드와Nudwa는 아삼 현지어로 '건강이 좋은 사람'을 뜻한다.

현재는 아삼 컴퍼니 인디아가 소유 및 운영하고 있다.

다원에서 차나무의 재배지는 딘잔 시내를 따라서 아름답게 이어진다.

이곳에서 생산된 홍차들은 품질이 최상급이며, 자극적인 맛과 달콤한 맛이 절묘한 균형을 이루는 것으로 유명하다. 또한 **TGFOP, GBOP 등급**의 홍차는 세계적으로 유명한데, 특히 **GBOP 등급**의 홍차는 골든 팁스가 풍부하면서 풀 바디감이 강하고 훌륭하여 영국에서는 브렉퍼스트 티로 즐겨 마신다.

아삼 누드와(Assam Nudwa) GBOP

아삼 컴퍼니 인디아의 다원 중 '왕관의 보석',

두무르 둘룽 다원 Doomur Dullung Tea Estate

소　유 : 아삼 컴퍼니 인디아 (ACIL, Assam Company India Limited)
티품질 : 스페셜티 티

두무르 둘룽 다원의 수확기 모습

두무르 둘룽 다원은 1939년 영국 의회에서 국왕이 승인하여 설립된 아삼 컴퍼니 인디아가 **1840년대 차나무의 재배에 나선 가장 오래된 다원이자, 당시 최대 규모의 다원이기도 하다.** 이로 인해 아삼 컴퍼니 인디아 다원 중에서 '왕관의 보석'이라고 칭송된다. 아삼 지역에서도 동부의 모란Moran 지역에 있다. 다원의 이름인 '두무르 둘룽Doomur Dullung'은 현지어로 '낚시꾼의 교량Fisherman's Bridge'이라는 뜻이다.

다원에서는 절반이 넘는 면적에서 차나무를 재배하여 다양한 티들을 생산하고 있다. 특히 초봄의 단 며칠만 수확한 새싹으로 생산하는 '**실버 니들 팁스**Silver Needle Tips'의 **잎차**는 **세계적인 명성**을 자랑한다.

그리고 1996년에는 인도의 모든 경매소에서 최고가를 기록하였다.

또한 **오서독스 홍차**와 **CTC**의 **브로큰 등급** 홍차는 스페셜티 티로서 **몰티 향**과 **마우스필이 부드럽기로 유명하다.**

아삼 CTC 두무르 둘룽(Assam CTC Doomur Dullung)(왼쪽)과 아삼 두무르 둘룽 세컨드 플러시 (Assam Doomur Dullung Second Flush) TGFOP 1의 찻잎과 찻물(중앙, 오른쪽)

'아삼 그랑크뤼' 오서독스 홍차로 유명한

두플래팅 다원 Duflating Tea Estate

소 유 : 차몽 그룹 (Chamong Group)
티품질 : HACCP, SQF

두플래팅 다원의 전경과 차밭에서의 홍차언니

두플래팅 다원은 1820년대 초 아삼주의 아홈 왕국 시대에 조르햇시Jorhat로부터 약 20km 떨어진 **티타보르**Titabor 타운의 **해발고도 약 100m**인 곳에 조성되었다.

다원의 이름은 이곳을 처음 개척한 원주민인 '두플라스족Duflas'에서 유래하였다.

다원에서는 P-126 클로널종의 차나무를 재배하여 오서독스 방식과 CTC 방식으로 티를 생산한다. 특히 오서독스 방식으로 생산된 **'아삼 두플래팅 오서독스**Assam Duflating Orthodox'는 **아삼 홍차 중에서도 최고인 '아삼 그랑크뤼**Assam Grand Crus'로 불리는데, 대부분 해외로 수출된다.

아삼 두플래팅 퍼스트 플러시(Assam Duflating First Flush) GFOP CL(왼쪽)
아삼 CTC 차이 두플래팅 하이 골드 볼드(Assam CTC Chai Duflating High Gold Bold) BOP(오른쪽)

아삼 다원 6

아삼 베스트 다원,

디콤 다원 Dikom Tea Estate

소　유 : 로젤 티 컴퍼니 (Rossell Tea Company)

티품질 : FSSC 22000, Rainforest Alliance

차광수가 무성한 디콤 다원과 다원에서 수확하는 모습

디콤 다원은 19세기 아삼 왕국 시대에 아삼 상부 지역인 **디브루가르 구역**Dibrugarh District에 처음 조성되었다. **"아삼 오서독스 티를 생각하면 디콤**Dikom**이 떠오른다"**는 **말이 있을 정도로 다원 자체가 하나의 브랜드로서 유명하다.** 다원의 이름은 당시 보도 카카리스족Bodo-Kacharies의 통치자가 이 지역의 물맛이 달콤한 사실을 발견하고 현지어로 물을 뜻하는 '디Di'와 달콤하다는 뜻의 '콤Kom'을 결합하여 부른 데서 유래하였다. **아삼 컴퍼니 인디아의 전신인 아삼 티 컴퍼니**Assam Tea Company**의 '퀸**Queen**'으로 불릴 정도로 유명한 다원이었고, 지금도 마찬가지이다. 현재는 로젤 티 컴퍼니가 소유 및 운영하고 있다.** 다원에서 재배하는 차나무의 **약 73%가 클로널종**이며, 그 대부분은 **고품질의 찻잎을 생산하는 P126A, N436, S3A3, T3A3, CP1, 테날리**Tenali **17** 등이다. 이로부터 생산된 오서독스 및 CTC 티들은 **몰티 향**이 풍부하고 맛이 산뜻하며 찻빛이 밝고 투명하기로 유명한데, **특히 <북미 티 컨퍼런스**North America Tea Conference> **에서는 3회 연속 금상을 수상하는 등 아삼 최고의 품질을 자랑한다.**

아삼 디콤 세컨드 플러시(Assam Dikom Second Flush) FTGFOP1

고품질 아삼 오서독스 티로 유명한

딘잔 다원 Dinjan Tea Estate

소 유 : 아삼 컴퍼니 인디아 (ACIL, Assam Company India Limited)
티품질 : 프리미엄

딘잔 다원의 전경과 찻잎을 수확한 여성의 모습

딘잔 다원은 아삼의 **틴수키아 구역**Tinsukia District에 있다.
다원 이름은 현지어로 '영혼'을 뜻하는 '딘Deen'과 '사람'을 뜻하는 '잔Jan'이 합성된 것이다.

현재는 아삼 컴퍼니 인디아에서 소유 및 운영하고 있다.

이 다원에서는 한때 100% 아삼 오서독스 홍차만 고품질로 생산하였지만, 최근에는 오서독스 홍차와 CTC 홍차를 적정한 비율로 함께 생산하고 있다. **티의 몰티 향과 강한 맛이 훌륭하고, 찻빛은 밝고 투명한 오렌지색으로 품질이 높기로 유명하다.**

아삼 딘잔 블랙 티(Assam Dinjan Black Tea) TGFOP

딘잔 아삼(Dinjan Assam) TGFOP

풀 바디감이 풍부한 CTC 홍차로 유명한

룽가고라 다원 Rungagora Tea Estate

소 유 : 아삼 컴퍼니 인디아 (ACIL, Assam Company India Limited)
티품질 : HACCP, Trustea, Rainforest Alliance

룽가고라 다원의 전경과 찻잎을 수확하는 모습

룽가고라 다원은 틴수키아 구역에서도 거대한 **브라마푸트라강**의 한 지류인 **디브루** Dibru 지역에 걸쳐 있다. '룽가고라Rungagora'는 아삼 지역의 현지어로 '붉은 요새'라는 뜻이다. **현재는 아삼 컴퍼니 인디아가 소유 및 운영하고 있다.**

약 100년의 역사를 자랑하는 이 다원에서는 대부분의 면적을 차나무의 재배에 사용하고 있으며, **거의 대부분 CTC 홍차를 생산하는 곳으로 유명하다.**

이곳의 **CTC 홍차**는 **몰티 향**이 풍부하고 쓴맛이 적으면서 풀 바디감이 넘치고, 차를 우리면 찻빛이 황금빛을 띠면서 매혹적이다. **밀크 티와도 매우 잘 어울린다.**

아삼 룽가고라 CTC 퍼스트 플러시 티
(Assam Rungagora CTC First Flush Tea) BP

아삼 룽가고라
(Assam Rungagora) TGFOP 티피(TIPPY)

프리미엄 골든 팁스로 유명한

마이잔 다원 Maijan Tea Estate

소 유 : 아삼 컴퍼니 인디아 (ACIL, Assam Company India Limited)
티품질 : 프리미엄

마이잔 다원의 유산인 방갈로, 화이트 하우스

이 다원은 **마이잔 티 컴퍼니**Maijan Tea Company가 1851년 설립하여 무려 170여 년의 역사를 자랑한다. 인도 히말라야 산지의 기슭에서 브라마푸트라 강의 강둑을 따라 디브루가르Dibrugarh 지역에 있다. 다원의 이름인 마이잔은 아삼 현지어로 '어머니의 강Mother River'을 뜻한다. **현재는 아삼 컴퍼니 인디아가 소유 및 운영하고 있다.** 이 다원은 **프리미엄 골든 팁스**Golden Tips **홍차가 매우 유명하다.** 향미가 강하고 풍부하여 골든 팁스 홍차 중에서도 세계 최고 품질이다. 정통 오서독스 방식으로 생산한 마이잔의 프리미엄 **골든 팁스**는 **몰티**Malty 노트에 **스파이시**Spicy 향이 풍부하며, 찻빛이 맑고 투명한 **구릿빛**Coppery을 띤다. 2019년 **인도 구와하티 티 경매소**Guwahati Tea Auction에서 1kg당 1000달러에 낙찰되어 세계 신기록을 세우면서 **아삼 티 중에서도 가장 비싼 티**로 기록되어 있다. 한편 마이잔 다원의 방갈로는 영국 식민지 시대의 유산으로서 '화이트 하우스White House'로 불린다.

아삼 마이잔(Assam Maijan) TGFOP

블랙 티 아삼 마이잔(Black Tea Assam Maijan)

역사는 짧지만 인도 톱 수준의 다원,

망갈람 다원 Mangalam Tea Estate

소　유 : 자이슈리 티 앤 인더스트리 (Jay Shree Tea & Industries Ltd)
티품질 : 프리미엄

망갈람 다원의 전경

망갈람 다원은 만주슈리 플렌테이션Manjushree Plantation의 소유자이자 다원 전문가가 1973년 아삼 상부인 **시바사가르**Sivasagar 구역에 처음 조성하였다. 다원 이름은 설립자의 아들 이름인 쿠마르 망갈람 비얼라Kumar Mangalam Birla에서 유래되었다. **현재는 자이슈리 티 앤 인더스트리**Jay Shree Tea and Industries**가 소유 및 운영하고 있다. 다원에서는 만주슈리 플렌테이션의 차나무로부터 꺾꽂이법으로 복제 증식된 아삼 하이브리드종들을 촘촘하게 심어 재배하여** 오서독스 방식과 CTC 방식**으로 홍차를 주로 생산하고, 녹차도 생산한다.** 특히 오서독스 홍차의 블렌드는 독일에서 거대한 티 시장을 형성하고 있다. 골든 **팁스**의 풍부한 **스파이시 향**과 우아한 **몰티 노트**, 짙은 **호박색**의 수색은 **훌륭**하기로 유명하여 전 세계 유명 티 브랜드에서 판매되고 있다. **따라서 인도 티 보드**Tea Board of India**에서도 항상 톱 수준의 다원**으로 **평가되고 있다.**

아삼 망갈람 세컨드 플러시 골든 팁스 오서독스 블랙 티
(Assam Mangalam Second Flush Golden Tips Orthodox Black Tea) FTGFOP1 SUPER SPL CLO

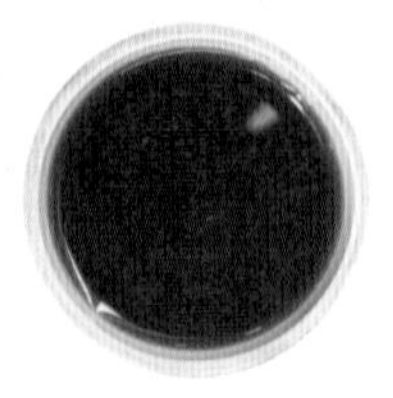

아삼 망갈람 퍼스트 플러시 CTC 블랙 티(Assam Mangalam First Flush CTC Black Tea) BP CL SPL

세계 홍차 산업의 역사를 바꾼 'CTC 홍차'의 탄생지,

암구리 다원 Amgoorie Tea Estate

소　유 : 굿리케 그룹 (Goodricke Group)

티품질 : Organic, ETP, FSSC 22000

암구리 다원 티 팩토리와 암구리 다원에서 수확하는 모습

암구리 다원은 세계 홍차 산업 역사상 대혁명을 일으킨 곳이다. 영국의 **메커처경**Sir W.G Mckercher이 **1931년** 홍차의 대량 생산의 길을 연 **CTC 머신**을 **세계 최초로 개발**하였기 때문이다. 이 다원은 한마디로 말하면, 전 세계 CTC 홍차의 발상지이다. 다원은 브라마푸트라강 남부에서 나가랜드와 접경을 이루고 있다. **다원 이름은 이 지역에 망고나무가 풍부하게 자생하는 데서 유래하였다.** 현지어로 망고를 뜻하는 암Aam과 망고나무의 뿌리를 뜻하는 구리Guri가 합성되었다. **이 다원은 티루**Tiru**와 티푸크**Tiphook**의 두 구역으로 나뉜다.** 굿리케 그룹이 2010년부터 환경친화적인 재배를 시작하였는데, 지금은 우수한 **클로널종**의 차나무를 세대를 거듭해 재배하면서 그 품질을 높여 **아삼 최고의 CTC 다원으로 평가되고 있다. 다원의 CTC 홍차는 밀크 티나 마살라 차이**Masala Chai**에 많이 사용되고 있다.**

암구리 스페셜 아삼 티
(Amgoorie Special Assam Tea)

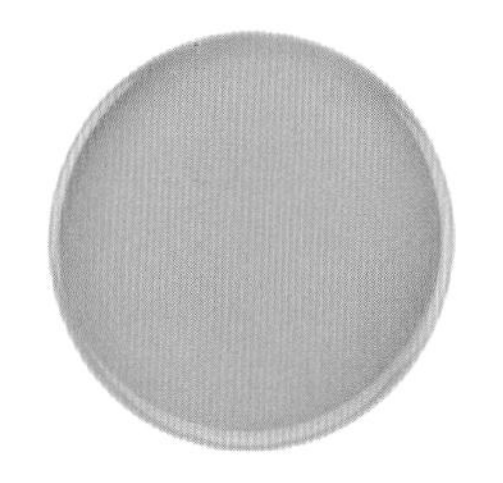

아삼 암구리 CTC 퍼스트 플러시
(Assam Amgoorie CTC First Flush)

BOPsm
(Borken Orange Pekoe small)

GFBOP 등급의 CTC 홍차로 유명한

콘돌리 다원 Kondoli Tea Estate

소 유 : 아삼 컴퍼니 인디아 (Assam Company India)
티품질 : Bioorganic

콘돌리 다원의 전경과 찻잎을 수확하는 여성의 모습

콘돌리 다원은 영국인 선교사들이 1932년 아삼의 **나가온**Nagaon 구역 **카브리 앙글롱 힐스**Karbi Anglong hills에 처음 설립하였다. 다원 이름은 당시 이 지역에서 존경을 받았던 선교사, 아난타 콘돌리Ananta Kondoli로부터 유래되었다. **현재는 아삼 컴퍼니 인디아가 소유 및 운영하고 있다.** 이 다원은 **콘돌리**Kondoli, **수킴바리**Sukimbari, **렝벵**Rengbeng, **타피추리**Tapitjuri의 네 구역으로 나뉘어져 있는데, 아삼 다원 중에서도 규모가 상당히 크다. **다원에서는 모두 바이오오거닉 농법으로 차나무를 재배하는데, 중국종 차나무들이 재배 면적의 약 절반을 차지하고 있다. 또한 이곳은 가뭄에 심한 영향을 받는 지역이기 때문에 현재는 가뭄에 강한 클로널종을 이식 및 재배하고 있다. 이로부터 생산된 유기농 오서독스 홍차와 CTC 홍차는 고품질로 유명하다.**

아삼 콘돌리 세컨드 플러시 바이오(Assam Kondoli Second Flush BIO) GFBOP

아삼 콘돌리(Assam Kondoli) GFOP

세컨드 플러시의 '천키 골든 팁스'로 유명한

콩기아 다원 Khongea Tea Estate

소　유 : 프라카시 일가 (Prakash Family)

티품질 : 프리미엄

콩기아 다원의 티 팩토리와 다원의 전경

콩기아 다원은 19세기 2명의 영국 여성 재배자들에 의하여 아삼 상부의 브라마푸트라 강 남부의 강둑에 처음 조성되었다. 1949년 프라카시 일가Prakash Family가 인수하여 약 75년 동안 소유 및 운영하고 있다. 이 다원에서는 인근에 **티연구협회**Tea Research Association와 함께 연계하여 차나무를 재배해 아삼 다원들의 표준이 되고 있다. **퍼스트 플러시**, 세컨드 플러시, **몬순 플러시**, 오텀널 플러시로 **오서독스 홍차**와 CTC **홍차**를 생산하고 있다. **그 외에 프리미엄 티로서 플레이버드 티, 녹차, 우롱차, 백차를 생산한다. P126 클로널종으로 만든 세컨드 플러시는 '**천키 골든 팁스Chunky Golden Tips**'라고 하는데, 몰티 노트와 스파이시 향미, 짙은 구릿빛의 찻빛이 훌륭하기로** 유명하다. 또한 CTC 홍차들은 강한 풍미로 마살라 차이의 홍차로 많이 사용된다.

콩기아 아삼 골든 팁스 티(Khongea Assam Golden Tips Tea)

콩기아 아삼 CTC 티(Khongea Assam CTC Tea)

아삼 최대 면적의 다원,

하주아/쿰타이 다원 Hajua/Khoomtaie Tea Estate

소 유 : 아삼 컴퍼니 인디아 (Assam Company India)
티품질 : 프리미엄

하주아/쿰타이 다원의 전경과 다원의 인부들

아삼 다원 14

하주아 다원은 시바사가르Sivasagar 구역의 **해발고도 약 100m**인 지대에 있다. 다원의 이름은 현지어로 '백조들의 거주지'라는 뜻이다.

이 다원은 **아삼 컴퍼니 인디아**의 최초 다원으로서 최근 **쿰타이 다원**Khoomtaie Tea Estate, **틴수키아 구역**Tinsukia Division, **룬골리 구역**Rungoli Division과 합병되어 현재는 아삼 지역에서 재배 면적이 가장 넓은 최대 다원이 되었다.

다원에서는 고품질의 클로널종 차나무들이 재배되는데, 풀 바디감과 몰티 노트, 스파이시 향미가 복합적으로 풍기는 프리미엄 홍차들이 대량으로 생산되는 곳으로 유명하다. 현재는 **테일러스 오브 해러게이트**Tayors of Harrogate와 같은 세계적인 티 브랜드에 공급되고 있다.

아삼 하주아 티피 스페셜(Assam Hajua Tippy Special) SFTGFOP1

'싱글 이스테이트 블렌딩 티'로 유명한

탄나이 다원 Thanai Tea Estate

소　유 : 아삼 컴퍼니 인디아 (Assam Company India)

티품질 : 프리미엄

탄나이 다원의 전경

탄나이 다원은 영국 정부가 인도에 다원을 처음 조성한 시대인 1839년에 **디브루가르**Dibrugarh 지역의 **브라마푸트라강** 강가에 처음 설립되었다. 다원 이름은 이 지역에서 '탄나이Thanai'라는 불렸던 어느 노인의 이름에서 유래되었다. **현재는 아삼 컴퍼니 인디아가 소유 및 운영하고 있다.**

강우량이 풍부한 이 다원에서는 고품질의 클로널 품종들이 재배되고 있으며, 오서독스, CTC 홍차들이 생산되고 있다.

이곳에서 생산되는 싱글 이스테이트 티로 블렌딩한 홍차는 아삼 홍차의 전형적인 풍미로 세계에서도 유명하다.

특히 골든 팁스 Golden Tips**가 풍부히 든 TGFOP1 등급의 프리미엄 홍차 블렌드는 맛이 강하고 몰티 노트가 풍부한데, 다른 아삼 다원의 티보다 맛이 더 달콤하여** 인기가 매우 높다.

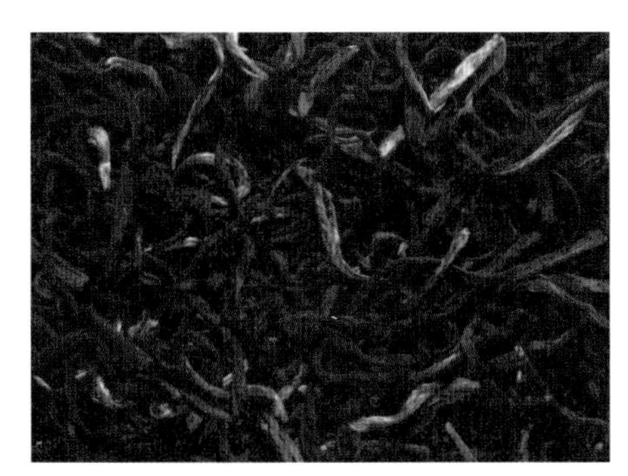

아삼 탄나이 세컨드 플러시
(ASSAM Thanai 2nd Flush) TGFOP1

아삼 탄나이 브로컨
(Assam Thanai Broken) GBOP

아삼 다원 15

아삼 오서독스 세컨드 플러시 홍차로 유명한

하르무티 다원 Harmutty Tea Estate

소　유 : 굿리케 그룹 (Goodricke Group Limited)

티품질 : Organic, FSSC 22000, ETP

하르무티 다원 전경과 다원의 채엽 모습

하르무티 다원은 1878년 아삼주 북동부 **브라마푸트라강**의 지류인 **딕롱강**River Dikrong의 가장자리에 처음 조성되었다. 다원 이름은 전설에 따르면, 아삼 하부 지역에 있던 왕국의 통치자 아리마타 왕King Arimata의 아내, 히라마티 여왕Queen Hiramati의 이름에서 유래되었다고 한다. 여왕의 무덤은 현재 이곳의 유산인 마흐 방갈로Majh Bungalow에서도 보인다. **현재 굿리케 그룹이 소유 및 운영하고 있다.** 다원에서는 순수 중국종과 P126, N436과 같은 고품질의 클로널종을 재배하고 있으며, 주로 5월~10월에 찻잎을 수확해 **오서독스 방식으로 홍차를 생산한다. 이렇게 생산된 홍차는 아삼 오서독스 홍차 중에서도 품질이 톱 수준에 속한다.** 특히 **세컨드 플러시**와 **골든 팁스** 홍차는 굿리케 자체 브랜드뿐 아니라 **포트넘 앤 메이슨**Fortnum & Mason, **TWG** 등 전 세계의 유명 티 브랜드로 수출되고 있다.

아삼 하르무티 서머 블랙 세컨드 플러시(Assam Harmutty Summer Black Second Flush) STGFOP1S

세계 최고 품질의 '프리미엄 CTC 홍차'로 유명한

하젤방크 다원 Hazelbank Tea Estate

소 유 : 아삼 컴퍼니 인디아 (Assam Company India)
티품질 : 프리미엄

하젤방크 다원의 전경과 찻잎을 수확하는 모습

하젤방크 다원은 1839년 아삼의 **디부르가르**Diburgargh 지역 북동부에 처음 조성되었다. 다원의 이름은 이 지역의 유명한 정부 관리인 메드 박사Dr. Mead의 딸인 헤이즐Hazel의 이름에서 유래되었다. **차나무는 대부분 고품질의 클로널 품종이 재배되고 있다.**

이 차나무로부터 프리미엄 CTC 홍차가 생산되는데, 풀 바디감과 풍부한 향을 비롯해 팁스Tips의 크기와 색상이 훌륭하다.

품질이 세계 최고 수준으로 **위터드 오브 첼시**Whittard of Chelsea 등 **세계 유명 티 브랜드로 판매된다.** 특히 **세컨드 플러시 FTGFOP1 등급**은 **강한 맛과 몰티 노트**가 **최고의 품질로 평가되며, 전 세계 티 애호가들로부터도 인기가 매우 높다.**

아삼 하젤방크 블랙 티
(Assam Hazelbank Black Tea) FTGFOP1

아삼 하젤방크
(Assam Hazelbank) TGFOP1

PART 5

닐기리 다원Nillgiri Tea Estate의 홍차 이야기

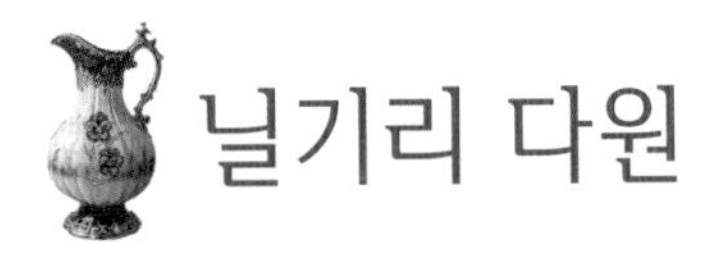

닐기리 다원

닐기리의 구릉 지대에 차나무가 끝없이 펼치지는 아름다운 풍경

인도 남부의 **닐기리**Nilgiri는 서고츠산맥The Western Ghats이 거대하게 펼쳐지는 구릉 지대이다. 언덕이 많은 닐기리는 또한 '블루마운틴Blue Mountain'이라고도 한다.

그 이유는 약 12년에 한 번 꽃을 피우는 방울꽃 일종의 색스블루 쿠린지 Saxe-Blue Kurinji**라는 꽃이 언덕 전체를 뒤덮으면 마치 언덕이 푸른 산처럼 보이기 때문이다.**

이러한 자연환경의 구릉 지대에 차나무들이 끊임없이 펼쳐지는 모습은 그 풍광이 매우 아름답다. **여기서는 '닐기리 티**Nilgiri Tea**'의 대표적인 다원들과 그곳의 홍차 이야기를 소개한다.**

19세기 닐기리 최초로 조성된 유산인 논서치 다원

100년 역사의 스페셜티 티로 유명한

논서치 다원 Nonsuch Tea Estate

소　유 : 논서치 티 이스테이트 (The Nonsuch Tea Estates Limited)
티품질 : ETP

논서치 다원 아이벡스 구역의 티 팩토리와 찻잎을 수확하는 모습

논서치 다원은 영국인들이 1863년 타밀나두주 쿠누르Coonoor 지역인 타이거힐Tiger Hill과 글렌달레Glendale 인근에 **해발고도 1220m~1981m**인 구릉지에 차나무를 재배하기 시작하면서 처음 조성되었다. 다원 이름인 논서치는 16세기 영국의 국왕 헨리 8세Henry VIII, 1491~1547의 '논서치 궁전Nonsuch Palace'에서 따왔다. **1924년부터 논서치 티 이스테이트** The Nonsuch Tea Estates Limited**가 소유, 운영하고 있다.** 이 다원은 본래 **논서치 다원**Nonsuch Estate, **어퍼 드루그 다원**Upper Droog Estate, **아보카 다원**Avoca Estate, **아이벡스 로지 다원**Ibex Lodge Estate, **리플레발레 다원**Ripplevale Estate의 총 5개의 구역이었지만, 1800년대 후반 **리플레발레 다원**이 아이벡스 로지 다원에 통합되면서 현재는 4개의 다원으로 구성되어 있다. **하이그론 오서독스**Orthodox **방식**의 **BOP, 더스트**Dust 등급의 홍차는 각각 **1923년, 1924년**부터 생산된 **100년의 역사의 스페셜티 티로서** 과일 향, 오렌지 블로섬Orange Blossom의 풍미로 인기가 높다.

닐기리 논서치 블랙 티(Nilgiri Nonsuch Black Tea) BOP

'애프터눈 티 홍차'로 유명한

둔산들레 다원 Dunsandle Tea Estate

소　유 : 봄베이 버마 트레이딩 (Bombay Burmah Trading Corporation Ltd)

티품질 : Oranic, Rainforest Alliance, Hala, Fairtrade, ISO 90001

둔산들레 다원의 전경과 수확하는 모습

둔산들레 다원은 1859년 타밀나두주Tamil Nadu 숄루르 밸리Sholur Valley 오티시Ooty 북부의 평균 **해발고도 약 1828m**인 **고지대**에 처음 조성되었다. 약 165년의 역사를 자랑하는 이 다원은 닐기리 다원 중에서도 가장 오래되었으며, 또한 가장 높은 곳에 자리한다. **1913년부터 약 150년 동안 티 사업을 운영하는 기업인 '봄베이 버마 트레이딩**Bombay Burmah Trading Corporation, Limited**'이 인수해 소유 및 운영하고 있다.** 이 다원은 차나무를 유기농법으로 재배하여 오직 손으로 찻잎을 수확해 오서독스 방식으로 유기농 티를 생산하고 있다. 이곳에서 생산된 홍차 블렌드의 향미는 보통 다르질링 티와 아삼 티의 중간으로 시장에서 평가되고 있으며, 자체 브랜드뿐 아니라 **허니 앤 선스**Harney & Sons와 같은 세계적인 티 브랜드에서도 판매되고 있다. **특히 '애프터눈 티로 마시기에 좋은 홍차'로 유명하다.**

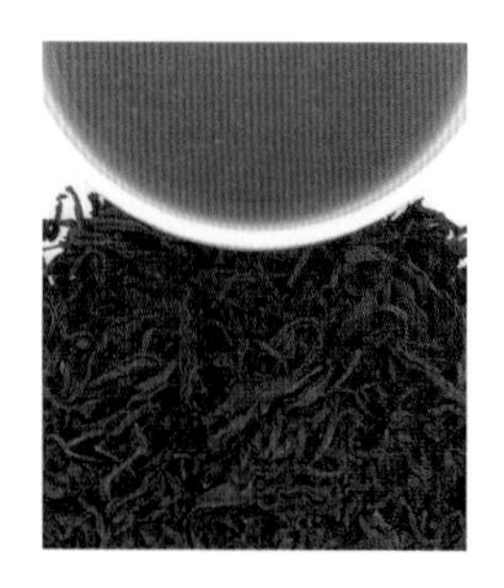

닐기리 둔산들레 블랙
(Nilgiri Dunsandle Black)

닐기리 둔산들레 오거닉 블랙 티
(Nilgiri Dunsandle Oganic Black Tea) OP

'타밀나두주 최고 품질의 홍차'로 이름난

번사이드 다원 Burnside Tea Estate

소　유 : 서던 트리 팜스 (Southern Tree Farms Limited)

티품질 : Organic, HACCP, Fairtrade, ISO 9001

번사이드 다원의 전경과 마을의 모습

번사이드 다원은 1920년대 서고츠산맥의 남부인 타밀나두주 **코타기리**Kotagiri 지역의 평균 **해발고도 1900m**인 **고지대**에 처음 조성되었다. 다원은 맑은 물이 흐르는 개울과 청정 자연림을 둘러싸여 있다. **1993년 아말가메이션스 그룹**Amalgamations Group**에 인수 및 합병된 서던 트리 팜스**Southern Tree Farms Limited**가 현재 운영하고 있다.** 다원에서 환경친화적인 방법으로 차나무를 재배해 **오서독스 방식**으로 홍차를 생산한다. 또한 우롱차, 녹차도 생산하는데, 특히 **'번사이드 녹차**Burnside Green Tea**'는 오늘날 영국, 미국, 독일에서 수요가 매우 높다.** 또한 스페셜티 티로서 **우롱차**Oolong Tea, **실버 팁스**Siver Tips, **SFOP 등급의 홍차도 생산하고 있다.** 이곳의 홍차는 찻빛이 어둡고, 맛과 향이 매우 신선하고 강렬하기로 유명하며, **타밀나두주에서도 품질이 가장 높은 것으로 평가된다.**

번사이드 이스테이트 블랙 루스 티
(Burnside Estate Black Loose Tea) Special OP

번사이드 이스테이트 닐기리
(Burnside Estate Nigiri)

'윈터 프로스트 스페셜티 티'로 유명한

빌리말라이 다원 Billimalai Tea Estate

소 유 : 빌리말라이 이스테이트 컴퍼니 (Bilimalai, Estate Company)
티품질 : Rainforest Alliance

빌리말라이 다원의 전경과 다원에서 수확하는 모습

빌리말라이 다원은 약 100년 전 쿠누르 지역 **닐기리 마운틴스**Nilgiri Mountains의 **해발 고도 약 2000m인 고지대**에 처음 조성되었다. **이 다원은 쿠누르 지역에서도 역사가 가장** 오래되었다. **현재는 남인도의 선두 티 생산 기업인 빌리말라이 이스테이트 컴퍼니가**Billimalai Estate Company**가 소유 및 운영하고 있다.** 이 다원에서는 수세대 걸쳐 전승된 전통적인 오서독스 방식으로만 티를 생산하고 있다. **홍차 외에도 백차, 우롱차 등도 생산한다. 현재 티는 산스크리트어로 '신선하다'는 뜻을 지닌 '아바타**Avataa**'라는 브랜드명으로 집중적으로 판매되고 있다.** 이곳의 홍차들은 인도의 **'남부 티 경연대회**Southern Teas Competition'에서 **'골든 리프 인디아 어워드**Golden Leaf India Awards'를 수상하였다. **특히 윈터 프로스트 티**는 **스페셜티 티**로서 매우 독특한 열대 과일의 향미가 풍기는 것으로 **세계적으로 유명하다.**

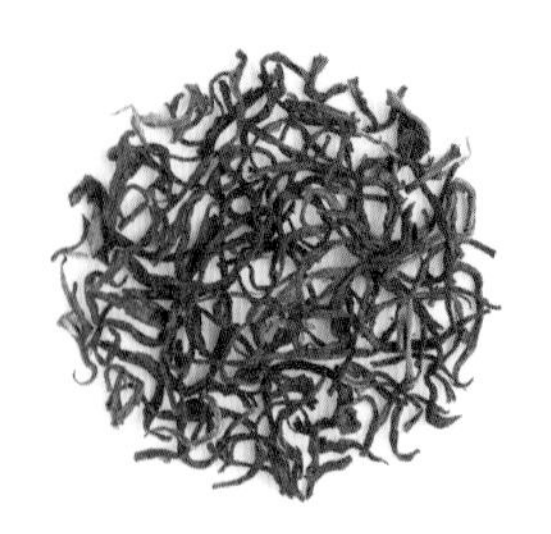

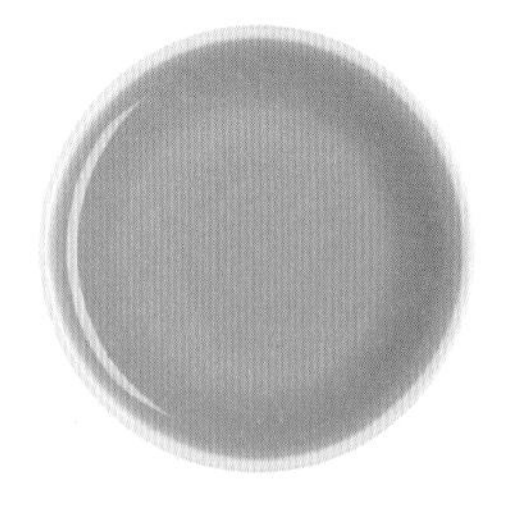

닐기리 빌리말라이 윈터 프로스트 블랙(Nilgiri Billimalai Winter Frost Black) SFTGFOP

'플로럴-프루티 노트의 윈터 프로스트 티'로 유명한

글렌달레 다원 Glendale Tea Estate

소 유 : M/s. 글렌워스 이스테이트 (M/s. Glenworth Estate Ltd)

티품질 : Rainforest Alliance, ETP, ISO 9001, ISO 22000

글렌달레 다원을 방문한 홍차언니와 다원의 전경

글렌달레 다원은 1835년 닐기리 **블루마운틴 산지의 해발고도 1650m~2120m**인 **고지대**에 처음 설립되었다. 다원 이름인 글렌달레Glendale는 '계곡 속의 계곡Valley within a Valley'이라는 뜻이다. **현재는 인도에서 다원 사업을 시작한 역사가 80년이나 되는 기업인 M/s. 글렌워스 이스테이트**M/s. Glenworth Estate Ltd**가 운영하고 있다.** 이 다원에서는 친환경적인 관리와 생태 보존 작업을 통해 차나무를 재배하고 있다. 오서독스 홍차, 녹차, 스페셜티 티는 남인도에서 최상급이다. 특히 녹차는 고품질 클로널 품종으로부터 생산하고 있으며, 영국, 미국, 러시아, 폴란드, 독일, 일본, 대만, 심지어 티의 종주국인 중국에까지 수출되고 있다. 또한 홍차도 **하이그론 OP, BOP, SFTGFOP 등급**의 고품질 홍차를 판매하고 있으며, 특히 윈터 플러시인 윈터 프로스트 SFTGFOP1 등급의 홍차는 플로럴-프루티 Floral-Fruty 노트의 아로마 프로파일이 독특하기로 유명하다.

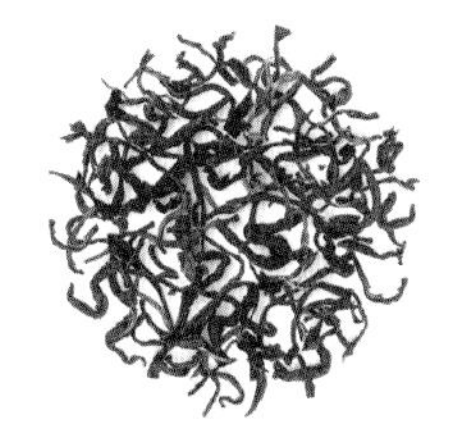

닐기리 글렌달레 윈터 프로스트 트월 블랙
(Nilgiri Glendale Winter Frost Twirl Black) SFTGFOP1

글렌달레 다원의 테이스팅 룸에서
홍차언니

닐기리 다원 5

몰티, 허니 노트의 프리미엄 오거닉 티로 유명한

웰벡 다원 Welbeck Tea Estate

소 유 : 스탠스 아말가메이티드 이스테이트 (SAE, Stanes Amalgamated Estates Ltd)
티품질 : Organic, Rainforest Alliance, FSSC 22000, ISO 9001, Fairtrade

웰벡 앤 카이른힐 다원의 티 팩토리와 다원의 전경

웰백 다원은 타밀나두주 아타카문드Ootacamund로부터 약 9km 떨어진 오티 지역의 **해발고도 2133m~2362m인 고지대**에 있다. 다원은 웰백 구역Welbeck Division과 카이른힐 구역Cairnhill Division의 두 구역으로 나뉘어 있다. 다원은 **토양이 사질토로 배수가 잘되고,** 연간 강수량도 1016m~1270mm로 풍부하여 차나무의 재배에 매우 이상적이다. **현재는 스탠스 아말가메이티드 이스테이트**SAE, Stanes Amalgamated Estates Ltd**가 소유 및 운영하고 있다.** 차나무는 **아삼종**과 **중국종의 클로널 품종**을 **유기농법**으로 재배하는데, 사람이 찻잎을 수작업으로 수확해 생산하지만, 찻잎의 생산성이 매우 높다. 전통적인 오서독스 방식으로 생산되는 홍차는 모두 유기농 티로서 **몰티 노트와 허니 노트가** 풍부하면서 달콤하여 모닝 티와 이브닝 티로 사람들로부터 인기가 높아 미국, 영국, 유럽연합, 아시아 등 세계 각지로 수출되고 있다. 이외에 유기농 녹차도 생산하는데 그 품질이 높기로 유명하다.

웰백 블랙 티 오거닉(Welbeck Black Tea Organic)과 스페셜티 티인 프로스트 티(Frost Tea)

닐기리 최대 규모의 다원,

참라지 다원 Chamraj Tea Estate

소 유 : 닐기리다원연합 (UNTE, The United Nilgiri Tea Estate Co. Ltd)
티품질 : Organic, Rainforest Alliance, FSSC 22000, ISO 9001, Fairtrade, ETP, KOSHER

참라지 다원을 방문한 홍차언니와 한국티소믈리에연구원 정승호 원장

참라지 다원은 타밀나두주 닐기리 힐스의 **쿤다**Kundah **지역**의 **해발고도 2000m~2414m인 고지대**에 울창한 자연림으로 둘러싸여 있다. 1858년 **로베리 스탠스경**Sir Robery Stanes이 설립한 **닐기리다원연합**UNTE이 1922년 처음 조성하여 **알다 밸리**Allada Valley, **데바베타**Devabetta, **코라쿤다**Korakundah 다원과 함께 운영하고 있다. **1960년대 아말가메이션그룹**Amalgamation Group**이 닐기리다원연합을 인수하면서 오늘날에는 닐기리 지역에서도 최대 규모를 자랑한다.** 특히 공정무역의 인증은 매우 일찍 받았다. **참라지 다원은 고품질의 정통 오서독스 홍차와 디카페인 홍차 외에 녹차와 우롱차도 생산하고 있다.** 홍차로는 **BOP, TGFOP, FOP, 윈터 프로스트**Winter Frost, **골든 팁스**Golden Tips의 싱글 홍차와 홍차 블렌드가 유명하며, **특히 윈터 프로스트는 무스카텔 플레이버가 훌륭하여 '샴페인 오브 티'**라고도 불린다. 이 다원의 티는 **허니 앤 선스** 등 유명 브랜드에서도 판매된다.

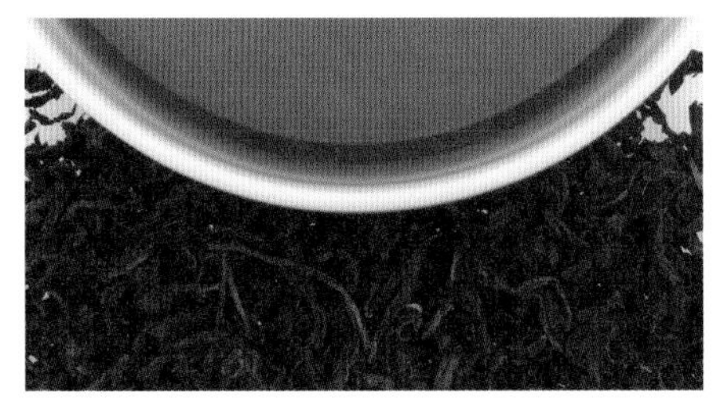

닐기리 참라지(Nilgiri Chamraj) FOP

닐기리 참라지 이스테이트 골든 팁스
(Nilgiri Chamraj Estate Golden Tips)

인도티협회(Tea Board India)의 닐기리 지역의 대표인 M. 무투쿠마르(Muthukumar) 박사와 홍차언니

인도티협회를 방문한 홍차언니

닐기리 최초의 다원,

티아숄라 다원 Thiashola Tea Estate

소　유 : 티아숄라 플랜테이션스 (Thiashola Plantations Private Ltd)

티품질 : Organic, HACCP, ISO 9001

티아숄라 다원의 티 팩토리와 찻잎을 수확하는 모습

티아숄라 다원은 1830년대 타밀나두주 평균 **해발고도 1828m의 고지대**에 처음 조성되었다. 이 다원은 둔산들레 다원과 함께 닐기리 최초로 조성된 것이다.

1858년 영국과 청나라 사이에 일어난 아편전쟁 Opium Wars **당시 교도소에 수감되었던 중국인 포로들이 이곳에서 차나무를 처음 재배하였다.**

아편전쟁을 촉발시킨 아편을
영국의 식민지 인도에서 생산하는 모습

청나라 사람들이 아편을 피우는 모습의 그림

현재는 티아숄라 플랜테이션스 Thiashola Plantations Private Limited**가 운영한다.**

이 다원은 남인도 **블루마운틴**Blue Mountains을 대표하는 주요 티 산지로서 유기농법으로 재배해 **정통적인 오서독스 방식**으로 홍차를 생산한다.

아삼, 다르질링의 다원과 달리 이곳에서는 연중 티를 생산하고 있다.

티아숄라 다원의 새벽 전경

울창한 자연림으로 둘러싸인 티아숄라 다원의 모습

이 다원은 남인도 하이그론 특유의 향미를 풍기는 홍차로 유명하다. 신선한 꽃향기와 바디감이 조화로운 균형을 이룬 것이 특징이다. **특히 SFTGFOP1 등급의 유기농 홍차는** 프루티-몰티 노트**와 시트러스계 향이** 조화를 이룬 복합적인 풍미로 유명하다.

닐기리 티아숄라 블랙 티
(Nilgiri Thiashola Black Tea) SFTGFOP1

닐기리 티아숄라 블랙 티 오거닉
(Nilgiri Thiashola Black Tea Organic) TGFOP1

인도 최초의 열대우림연맹 공인 다원,

카이르베타 다원 Kairbetta Tea Estate

소　유 : 반살리스, 구자라티 일가 (The Bhansalis, Gujarati Family)

티품질 : Rainforest Alliance

카이르베타 다원의 티 팩토리와 다원의 전경

카이르베타 다원은 1887년 영국인 J. T. 머레이Murray가 닐기리 힐스의 코타기리Kotagiri 지역의 **해발고도 약 2000m의 고지대**에 처음 조성하였다. 티 팩토리는 1926년 처음 설립되었다. **1956년 반살리 일가**Bhansali Family**가 인수한 뒤 지금까지 소유 및 운영하고 있다.** 다원에서는 고품질의 클로널 품종들을 새롭게 재배하여. 퍼스트 플러시, 세컨드 플러시, 오텀널 플러시, 윈터 플러시의 수확을 통해 약 100년 전통의 오서독스 방식으로 홍차를 생산하고 있는데, 계절마다 대표적인 홍차를 선보인다. 4월의 스프링 사이트론Spring Citron(TGBOP), 7월의 서머 조리Summer Zori(Silver Tips), 10월의 오텀 메이플Autumn Maple(FOP), **1월의 윈터 프로스트**Winter Frost이다. **특히 윈터 프로스트는 세계적으로 유명하다.** 8도~11도의 날씨에 성숙한 찻잎을 5일간 수확한 뒤 **해가 뜨기 전 기온 2도~4도의 아침에만 가공 과정을 통해 생산되어** 차가운 겨울 아침의 독특한 향미를 홍차에서 느낄 수 있다.

닐기리 카이르베타 이스테이트 윈터 프로스트
(Nilgiri Kairbetta Estate Winter Frost) SFTGFOP1

닐기리 카이르베타 이스테이트
(Nilgiri Kairbetta Estate) FOP

닐기리 다원 9

세계에서 두 번째, 인도에서는 가장 높은 다원

코라쿤다 다원 Korakundah Tea Estate

소 유 : 닐기리다원연합 (UNTE, The United Nilgiri Tea Estates Co. Ltd)

티품질 : Organic, Fairtrade, Rainforest Alliance

코라쿤다 다원을 방문한 홍차언니와 한국티소믈리에연구원 정승호 원장

코라쿤다 다원은 19세기 초 타밀나두주 닐기리 서고츠산맥의 **데칸고원**The Deccan Plateau 남서부에 처음 조성되었다. 데칸고원은 해발고도 2000m가 넘는 24개의 봉우리가 있는 고산 지대이다. **참라지 다원과는 자매 다원이다. 다원의 평균 해발고도는 2438m로 세계에서 두 번째로 높고, 인도의 상업 다원 중에서는 가장 높은 곳에 있다. 현재 닐기리다원연합**UNTE**이 소유 및 운영하고 있다. 닐기리 지역의 다원들 중에서 최초로 유기농 다원으로 인증을 받은 곳으로 선도적인 위치에 있다. 차나무의 재배지 외 지역은 전부 청정 자연림으로 조성되어 있다.** 높은 해발고도와 비옥한 토양으로 인해 프리미엄 유기농 홍차를 생산하고 있으며, 특히 **퍼스트 플러시와 윈터 플러시는 향미의 품질이 높기로 유명하다. 그 밖에 유기농 녹차도 생산한다.**

닐기리 코라쿤다 윈터 프로스트 블랙
(Nilgiri Korakundah Winter Frost Black) SFTGFOP

닐기리 코라쿤다 오거닉 퍼스트 플러시
(Nigiri Korakundah Organic First Flush) SFTGFOP

풍부한 풀 바디감의 프리미엄 홍차로 유명한

코타다 다원 Kotada Tea Estate

소 유 : 스탠스 아말가메이티드 이스테이트 (SAE, Stanes Amalgamated Estates Ltd)

티품질 : Organic, HACCP, FSSC 22000, Fairtrade, ISO 9001(2008)

코타다 다원의 전경과 찻잎을 갓 수확한 인부들의 모습

코타다 다원은 타밀나두주 **코타기리**Kotagiri **지역**에 있다. 닐기리 힐스 동부 산비탈의 **해발고도 1370m~1752m**에 있으며, 크롭턴 앤 딥달레 다원Crofton & Deepdale Estates과 인접해 있다. 다원은 숲이 울창하고 생태적인 균형을 이루고 있다. **현재 스탠스 아말가메이티드 이스테이트**SAE, Stanes Amalgamated Estates Ltd.**가 소유 및 운영하고 있다.** 다원에서는 **중국종**과 **클로널 종**의 차나무를 환경친화적이고, **유기농법**으로 재배하여 찻잎을 직접 손으로 수확한 뒤 **오서독스 방식**과 **CTC** 방식으로 홍차를 생산한다. 이곳의 홍차는 향미가 풍부하고 풀 바디감이 강하기로 유명하며 모닝 티나 애프터눈 티로 마시기에 적합하다. 이 다원의 **스페셜티** 티들은 세계 프리미엄 유기농 티 시장에서 아삼, 스리랑카, 케냐 홍차와 함께 어깨를 나눌 정도로 품질이 높아 **영국의 포트넘 앤 메이슨** 등 세계 유명 티 브랜드를 비롯하여 **독일, 네덜란드, 미국, 폴란드 등으로 수출되고 있다.**

코타다 블랙 티(Kotada Black Tea)와 프로스트 티(Frost Tea)

하이그론 오서독스 홍차로 유명한

쿠누르 다원 Coonoor Tea Estate

소 유 : 매티선 보샌킷 플랜테이션 (Matheson Bosanquet's Plantations)

티품질 : Organic, HACCP, Rainforest Alliance, GMP

쿠누르 다원의 수확기 모습과 홍차언니의 일행들

쿠누르 다원은 19세기 닐기리 힐스 동부 사면의 **해발고도 약 1850m**인 지대에 처음 조성되었다. **닐기리 다원 중에서도 역사가 가장 오래된 다원에 속하며, 해발고도도 높은 다원에 해당한다.** 다원에서 내려다보면 쿠누르 타운Coonoor Town이 한눈에 보인다. **현재는 매티선 보샌킷 플랜테이션**Matheson Bosanquet's Plantations**이 소유한 쿠누르 티 이스테이트 컴퍼니**Coonoor Tea Estates Company**가 파크사이드 다원**Parkside Tea Estates**과 함께 운영하고 있다.** 다원에서는 환경친화적이고 지속가능한 방법으로 차나무를 재배하여 하이그론 오서독스 홍차와 녹차를 주로 생산한다. 홍차, 녹차 외에도 스페셜티 티로서 우롱차, 백차, 무스카텔 실버 팁스Muscatel Silver Tips 등을 생산한다. 특히 **하이그론 오서독스 홍차의 약 60%**는 영국, 미국, 러시아, 일본, 폴란드, 독일, 파키스탄, 중동 등으로 수출된다.

닐기리 쿠누르 티 이스테이트 블랙 티
(Nilgiri Coonoor Tea Estate Black Tea)

닐기리 쿠누르 티(Nilgiri Coonoor) FOP

하이그론 오서독스 홍차와 초청 녹차로 유명한

크레이그모어 다원 Craigmore Tea Estate

소　유 : 크레이그모어 플랜테이션스 (Craigmore Plantations (India) Pvt. Ltd)

티품질 : Organic, GAP, Rainforest Alliance, ETP, ISO 22000

크레이그모어 다원의 모습과 동네풍경

크레이그모어 다원은 1884년 **크레이그모어 플랜테이션스**Craigmore Plantations (India) Pvt. Ltd가 닐기리 힐스의 **평균 해발고도 약 1676m의 고지대**에 처음 조성하여 약 140년의 역사를 자랑한다. **지금도 크레이그모어 플랜테이션스가 소유 및 운영하고 있다. 다원에서는 차나무를 환경친화적인 유기농법으로 재배하면서 야생동물도 보호하여 생물다양성이 매우 높다.** 크레이그모어 팩토리Craigmore Factory와 파스코 우드랜즈 팩토리Pascoe's Woodlands Factory의 두 가공 공장을 운영하여 연간 티 생산량이 매우 높다. **이곳에서는 스페셜티 티로서 고품질의 하이그론**High Grown **오서독스 홍차와 초청**Pan Fired**녹차를 생산하는데, 크레이그모어 팩토리에서는 하이그론 오서독스 홍차를, 파스코 우드랜즈 팩토리에서는 하이그론 초청 녹차를 주로 생산한다.** 특히 초청 녹차의 약 40%는 유럽으로 수출되고 있다.

닐기리스 크레이그모어 블랙 티
(Nilgiris Craigmore Black Tea) FBOP

닐기리스 크레이그모어 스페셜 윈터 프로스트
블랙 티(Nilgiris Craigmore Special Winter Frost Black Tea)

클로널 CR6017의 윈터 프로스트로 유명한

파크사이드 다원 Parkside Tea Estate

소　유 : 쿠누르 티 이스테이트 컴퍼니 (The Coonoor Tea Estates Company)
티품질 : HACCP, Rainforest Alliance, Fairtrade, ISO 22000, GMP

파크사이드 다원의 티 팩토리와 홍차언니가 찻잎과 씨앗을 들고 있는 모습

파크사이드 다원은 닐기리 힐스 동부 사면에 **해발고도 약 1860m** 지대에 조성되었다. 남인도에서도 아름답기로 가장 유명한 다원이다.

쿠누르 티 이스테이트 컴퍼니 The Coonoor Tea Estates Company**의 플래그십 다원이기도 하다.**

다원에서는 중국종인 클로널 CR6017을 지속 가능한 농업, 환경친화적인 재배를 통하여 오서독스 홍차를 생산한다.

이 다원의 티 팩토리는 남인도에서는 최초로 화석연료의 사용을 줄이기 위하여 태양에너지를 사용하는 곳으로 유명하다.

이곳의 홍차는 달콤한 향과 풍부한 맛이 남인도 최고의 품질로 평가된다. **특히 클로널** CR6017종으로 생산한 윈터 플러시의 **윈터 프로스트 홍차는 맛과 향이 훌륭하기로 세계적으로 유명하다.**

닐기리 파크사이드 윈터 프로스트 블랙 티(Nilgiri Parkside Winter Frost Black Tea)

고품질의 하이그론 오서독스 클로널 홍차로 유명한

하부칼 다원 Havukal Tea Estate

소　유 : 하부칼 티 앤 프로듀스 컴퍼니 (Havukal Tea and Produce Company Pvt Ltd)

티품질 : Organic, Rainforest Alliance, Fairtrade, ETP, Trustea

하부칼 다원의 전경과 홍차언니의 모습

하부칼 다원은 1910년 영국인이 닐기리 블루마운틴의 동부인 **코타기리**Kotagiri에 **해발 고도 약 1676m~1829m인 고지대**에 처음 조성하였다. 1957년 탕가벨루스Thangavelus 일가가 인수하였다. **현재는 하부칼 티 앤 프로듀스 컴퍼니**Havukal Tea and Produce Company Pvt Ltd**가 소유 및 운영하고 있다.** 이곳에서 최신 클로널 품종인 CR6017, TRF4 를 지속가능성 있게 재배하여 하이그론 오서독스 홍차, 녹차, 백차, 허브 블렌드 티 등 고품질의 티를 생산하고 있다. **특히 하이그론 오서독스 홍차는 인도 내에서 품질이 최상급이다.** 티는 대부분 **영국, 러시아, 중동, 스위스, 독일, 폴란드** 등으로 **수출**되고 있다.

하부칼 골드 러시(Havukal Gold Rush) FOP

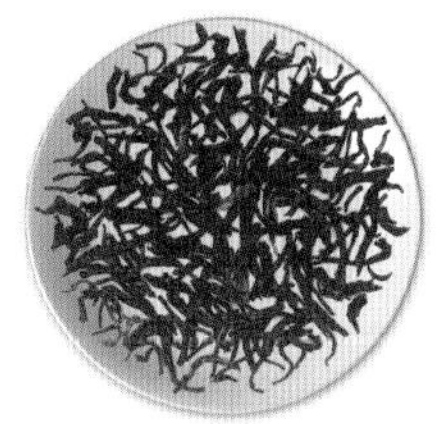

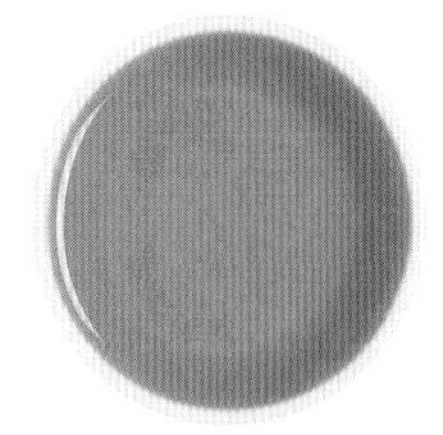

하부칼 윈터 프로스트 티(Havukal Winter Frost Tea)

PART 6

시킴 다원^{Sikkim Tea Estate}의 홍차 이야기

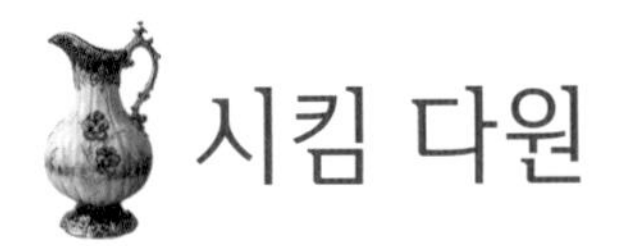

시킴 다원

테미 다원의 체리 리조트(Cherry Resort)

시킴주 다원의 역사는 시킴주 정부가 **1969년 해발고도 약 1200m**에 있는 영국인 선교사 숙소 인근에 다원을 건립한 것이 시초이다.

이 다원은 오늘날 '테미 다원 Temi Tea Estate**'으로 알려져 있다.**

또한 유기농법으로 재배하는 곳으로 유명하다.

2002년에는 해발고도는 1000m~2000m인 지대에 시킴주에 두 번째 다원으로 베르미옥 다원 Bermiok tea garden**이 설립되었다.**

테미 티 이사회 Tea Board of Temi**에서는 시킴주의 다원을 IMO와 함께 유기농 다원으로 인증을 받기 위하여 많은 노력을 기울인 끝에 오늘날에는 인도 콜카타 경매소에서 시킴 티들이 매우 높은 가격으로 거래되고 있다.**

테미 다원을 방문해 아이들과 함께한 홍차언니

오서독스 유기농 홍차로 유명한 시킴주의 대표 다원,

테미 다원 Temi Tea Estate

소　유 : 시킴 주정부 (Government of Sikkim)

티품질 : Organic, HACCP, FSSC 22000

시킴주의 최고 다원인 테미 다원

테미 다원은 1969년 시킴주 정부에 의해 남부의 칸첸중가산Mt. Kanchenjungha **인근에 해발고도 2100m의 고지대에 처음 설립되었다.**

당시에는 조그만 규모로 시작되었지만, 오늘날에는 시킴주에서도 가장 오래된 역사적인 다원으로서 큰 자랑거리이다.

다원에서는 **중국종**의 차나무 씨앗을 파종하여 재배를 시작하였으며, 2005년부터 유기농법으로 본격적으로 재배를 전환하여 **2008년에 100% 유기농 다원**으로 **인증**을 받았다.

테미 티Temi Tea 브랜드로 판매되는 오서독스 유기농 홍차는 매우 유명하다.

특히 세컨드 플러시는 무스카텔 플레이버와 풀 바디감으로, 몬순 플러시는 부드럽고 달콤한 맛으로, **오텀널 플러시는 온화한 스파이시 향미로 유명하다.**

특히 홍차 중에서도 STGFOP1 등급의 홍차는 시장에서 최고 품질로 평가된다.

또한 테미 티는 인도 티보드 Tea Board of India**로부터 1994년, 1995년 2년 연속 '인도 품질 대상**All India Quality Award**'을 수상하였다.** 홍차 외에 백차, 우롱차도 생산한다.

시킴 다원 1

시킴 테미 서머 차이너리 블랙(Sikkim Temi Summer Chinary Black) FTGFOP1

테미 스페셜 오거닉 블랙 티
(Temi Special Organic Black Tea)

테미 티 가든 블랙
(Temi Tea Garden Black) BOP

테미 다원은 또한 오늘날 티 애호가들이나 휴양을 찾는 여행객들을 대상으로 홈스테이를 운영하고 있다. 전 세계적인 건강 트렌드와 함께 힐링을 위하여 티를 마시면서 아름다운 다원 경관을 즐기려는 사람들이 늘어나고 있다.

홈스테이를 위한 테미 게스트하우스

테미 다원으로 가는 길의 이정표

100% 다르질링 클로널, 우디 플레이버의 홍차로 유명한

베르미옥 다원 Bermiok Tea Estate

소 유 : 프라단, 돌카 덴사파 (Pradan, Dolka Densapa)
티품질 : Bioorganic

베르미옥 다원의 티 팩토리와 다원의 수확 모습

베르미옥 다원은 티베트 승려인 **베르미옥 린포체 타시 덴사파**Bermiok Rinpoche Tashi Densapa가 2008년 칸첸중가산의 기슭인 시킴주와 다르질링 티스타 밸리 사이의 간톡Gangtok 지역 **해발고도 650~900m**인 **저지대**에 처음 조성하였다. 다원의 이름은 첫 설립자인 티베트 승려의 이름을 딴 것이다. **현재는 프라단**Pradhan, **돌카 덴사파**Dolka Densapa **부부가 소유 및 운영하고 있다.** 다원에서는 다르질링에서 들여온 클론종의 차나무를 100% 재배하고 있다. 다원은 처음부터 바이오오거닉 농법으로 재배했으며, **사람이 찻잎을 직접 수확해 오서독스 방식으로 홍차를 생산하여** 한국과 대만에 주로 벌크Bulk 단위로 수출한다. **다원이** 칸첸중가산의 소나무 숲과 인접하여 홍차에서는 독특한 **우디**Woody **플레이버와 풀바디감이** 풍부한 것으로 유명하다. 특히 **싱글 이스테이트 티**로서 **세컨드 플러시**의 홍차는 **실버 팁스**Silver Tips가 많고, 다르질링 클로널종의 풍미와 우디 플레이버가 풍부하여 고품질을 자랑한다.

시킴 베르미옥 티 이스테이트 오거닉 세컨드 플러시 블랙 티
(Sikkim Bermoik Tea Estate Organic Second Flush Black Tea)

시킴 다원 2

참조 문헌 및 사이트

『홍차의 역사』, 『영국 찻잔의 역사·홍차로 풀어보는 영국사』, 『다르질링 다원별 핸드북』
Ministry of Food Processing Industries Goverment of India
https://www.jaymatadeeindiatea.com/ctc-grade
https://minsu.httpcn.com/info/html/190011/PWAZRNTBXVPW.shtml
http://www.teaboard.gov.in/TEABOARDCSM/NQ==
https://worldisateaparty.files.wordpress.com/2018/01/guide-to-the-darjeeling-tea-gardens.pdf
https://www.darjeelingteaboutique.com/lingia-tea-estate/
https://www.thunderbolttea.com/pages/darjeeling_tea.html
https://www.thunderbolttea.com/pages/tea_shopping.html
https://www.darjeelingteaboutique.com/tea-gardens-of-darjeeling/
https://www.darjeelingteaboutique.com/ambootia-tea-estate/
http://www.indianteahelp.com/tiny_mce/tea_directory/westbengal_tea.html
http://www.teadatabase.com/listing/kurseong/
https://worldisateaparty.wordpress.com/2016/09/02/revive-with-castleton-tea-estate-fine-darjeeling-teas/
http://siamteas.com/wp-content/uploads/2017/01/Teas-and-their-Varieties-and-Cultivars.jpg
https://www.darjeelingteaboutique.com/lingia-tea-estate/
http://www.fao.org/docrep/013/i1592e/i1592e03.pdf
https://en.wikipedia.org/wiki/Darjeeling_tea
http://camellia-sinensis.com/carnet/?page_id=2212&lang=en
http://www.teestavalley.com/profile
https://www.indiaagronet.com/indiaagronet/horticulture/CONTENTS/tea.htm
https://darjeelingtealovers.com/tea-gardens-darjeeling/
https://www.darjeeling-tourism.com/darj_0000bf.htm
https://www.singtomresort.com/about
http://jayshreetea.in/tea-gardens/darjeeling/tukvar-puttabong/
http://www.dotepl.com/our-estates/monteviot/
http://www.longviewtea.org/about.html
http://www.teaboard.gov.in/TEABOARDCSM/NQ==
https://worldisateaparty.files.wordpress.com/2018/01/guide-to-the-darjeeling-tea-gardens.pdf
https://www.darjeelingteaboutique.com/lingia-tea-estate/
https://www.thunderbolttea.com/pages/darjeeling_tea.html
https://www.thunderbolttea.com/pages/tea_shopping.html
https://www.darjeelingteaboutique.com/tea-gardens-of-darjeeling/
https://www.thechamongtea.com/index.php
https://www.rosselltea.com/our-estates.html#namsang
http://assamco.com/?estates=doomur-dullung 등

Illustration

한국티소믈리에연구원 100, 105, 113, 120, 135, 145, 156, 162
Tea Board of India 104, 172, 192, 212

Photo 크레디트

14	https://www.sohu.com/a/225135736_575510
16	https://www.puercn.com/t/51553/#gallery-2-51553-1, 이주현
18	아만프리미엄티
19	https://en.wikipedia.org/wiki/Marco_Polo
21	http://www.historyshistories.com/silk-road-caravans.html
23	https://en.wikipedia.org/wiki/Garraway%27s_Coffee_House
24	https://en.wikipedia.org/wiki/Catherine_of_Braganza#Legacy
25	https://www.ohhowcivilized.com/milk-tea/
27	https://www.britishmuseum.org/collection/object/P_1902-1011-8590, https://www.britishmuseum.org/blog/tea-rific-history-victorian-afternoon-tea, 한국티소믈리에연구원, 이주현
28	이주현
30	https://en.wikipedia.org/wiki/Wuyi_Mountains, 한국티소믈리에연구원
32	이주현
33	한국티소믈리에연구원
35~36	https://www.qmhtea.com/tea_615.html
37	한국티소믈리에연구원
39~40	이주현
41	이주현, https://www.yourlooseteas.com/how-the-tea-is-manufactured.html
42	이주현
46~47	이주현
49~50	이주현
51	https://www.northern-tea.com/buy/assam-broken-orange-pekoe-tea/
52	https://www.northern-tea.com/buy/small-leaf-ceylon-tea-pekoe-fannings/, https://theceylontea.com/store/ctc-pd-tea/
53	https://theceylontea.com/store/fine-dust-tea/, 이주현
54~55	이주현
60	https://www.evian.com/en_int/products/everyday-range/1l/, https://www.orionjejuyongamsoo.com/product, https://www.jpdc.co.kr/samdasoo/products.htm
63	https://www.fortnumandmason.com/
65	https://www.fortnumandmason.com/, https://www.whittard.com/
67	https://www.kitchenaid.ie/kettles/859791015010/digital-variable-temperature-kettle-1-7l-5kek1722-empire-red, https://eco-cha.com/products/clay-teapot, https://www.amazon.com/Sweese-Porcelain-Stainless-Infuser-Blooming/dp/B0757LCCD1, https://www.thehopeandglory.

co.uk/product/classic-glass-teapot-with-glass-infuser-450ml/

68 https://www.ebay.ca/itm/364400406464

69 한국티소믈리에연구원

70 한국티소믈리에연구원, https://www.seriouseats.com/best-tea-infusers-7500581

71 https://kikkerlandeu.com/products/trio-tea-timer,https://github.com/0300962/TeaTimer, https://www.canadafoodequipment.com/product/update-measuring-spoon-set-1-41-2-1-tsp-1-tbsp-mea-spdx/

72 https://ko.aliexpress.com/item/1005004600979723.html?,https://pieceworkmagazine.com/the-legend-of-tea-cozies/

73 https://puracy.com/blogs/cleaning-tips/how-to-remove-tea-stains-on-mugs-clothes-and-carpets, 이주현

74 https://www.yorkshiretea.co.uk/brew-news/a-proper-brew-how-hard-can-that-be

77 ta chung he

78 https://www.harney.com/blogs/news/milk-in-tea

79 이주현

80 https://en.wikipedia.org/wiki/George_Orwell

81 이주현

82 https://www.ellaslist.com.au/articles/at-last-we-have-answers-to-the-age-old-tea-conundrum

83 https://en.wikipedia.org/wiki/Royal_Society_of_Chemistry

84 https://en.wikipedia.org/wiki/Masala_chai#/media/File:Chai-Kwon-Do.jpg, 이주현

85 https://foodess.com/authentic-indian-chai-tea-recipe/, 이주현

87 이주현

89 이주현

91 https://www.theatlantic.com/photo/2019/09/the-1904-st-louis-worlds-fair-photos/597658/, https://www.anniesnoms.com/2019/06/18/lemon-iced-tea/, https://www.shutterstock.com/

95 Tea Board of India, 이주현

96 한국티소믈리에연구원

97 https://en.wikipedia.org/wiki/Archibald_Campbell_(doctor)

98 https://www.bagariagroup.com/orange-valley.html, Sourenee Tea Estate & Boutique Resort

99 https://www.nonsuch-tea.in/index.php/gallery

101 Darjeeling Tea Association, 이주현

105 이주현

106 https://www.bagariagroup.com/millikthong.html, https://nbtea.co.uk/store/black-tea/364-darjeeling-first-flush-2016-millikthong-5055574316762.html

107 Sourenee Tea Estate & Boutique Resort, https://chanoyu-tea.ch/en/black-tea/500558-organic-

darjeeling-1rst-flush-sourenee-sftgpop-1-n15-7640173569565.html

108 Jayshree Tea & Industries Limited, https://www.jayshreetea.com/darjeeling-second-flush-singbulli-gold-black-tea-2018, https://www.jayshreetea.com/darjeeling-second-flush-singbulli-gold-black-tea-2018

109 이주현, https://www.teabox.com/products/seeyok-muscatel-summer-darjeeling-black-tea

110 https://www.okaytitea.com/pages/plantation, https://www.okaytitea.com/pages/flagship-store, https://darjeelingteaboutique.com/darjeeling-second-flush-tea/#!/OKAYTI-MUSK/p/678616053/category=2024250

111 이주현

112 https://www.bagariagroup.com/phuguri.html, https://www.thunderbolttea.com/teas/darjeeling-phuguri-tea-estate-first-flush/

113 https://goodricketea.com/pages/our-gardens

114 https://goodricketea.com/pages/our-gardens

115 이주현

116 https://www.facebook.com/971732042854295/photos/pb.100064443139495.-2207520000/2902421486451998/?type=3, Jayshree Tea & Industries Ltd., https://www.jayshreetea.com/darjeeling-balasun-second-flush-classic-black-tea, https://www.fairtradenapp.org/wp-content/uploads/2019/09/SINGELL-TEA-ESTATES-TPI_-FLO-ID-1551_-PREMIUM-STORY.pdf

117 https://www.teegschwendner.de/en/Darjeeling-Singell-Summer-Blossom-Second-Flush-organic/102455, https://www.teahouse.de/Schwarzer-Tee/Darjeeling/First-Flush/First-Flush-SINGELL-BIO-Anbau-FTGFOP-1::163.html

118 https://comerciojusto.org/?s=ambootia, https://tourbix.com/page/ambootia-tea-estate, https://www.teegschwendner.de/en/Darjeeling-FTGFOP1-Ambootia-Second-Flush-Organic/273

120 http://giddapahar.in/index1.html, https://makaibari.com/pages/estates

121 https://kanoriatea.com/goomtee-tea-estate/, https://teapack.in/shop/goomtee-muscatel-darjeeling-second-flush-tea/

122 http://giddapahar.in/index1.html, https://www.vahdam.global/products/giddapahar-premium-darjeeling-first-flush-black-tea?variant=41626653753391

123 https://gopaldharaindia.com/our-gardens/, https://gopaldharaindia.com/product/unique-second-flush-black-tea/

124 https://www.facebook.com/p/Longview-tea-garden-100064748466840/, https://tirumala-group.com/tea.aspx, https://www.pahaditea.com/black/9-darjeeling-longview-black-tea.html

125 https://makaibari.com/pages/estates,https://makaibari.com/products/summer-solstice-muscatel

126 https://www.darjeelingteaboutique.com/selim-hill-tea-estate/

127 https://www.darjeelingteaboutique.com/selim-hill-tea-estate/, https://www.teacupsfull.in/products/selim-hill-classic-darjeeling-black-tea?srsltid=AfmBOorSLcGlM_xgJTQhXQ4MsDxzLUEa36jJnIrVSo5gqCrySQBOtsY1&variant=37868455755960

128 http://www.teagardensivitar.com/, https://www.facebook.com/sivitaar/photos, https://www.facebook.com/sivitarteagarden/photos, https://www.facebook.com/photo.php?fbid=471824591665925&set=pb.100065151632168.-2207520000&type=3
https://oxalis.cz/en/first-flush-2023/darjeeling-sivitar-sftgfop1-50-g-8595218045001-4838.htm/

129 https://www.darjeelingteaboutique.com/jungpana-tea-estate/, https://www.vahdam.global/products/jungpana-muscatel-darjeeling-second-flush-black-tea-dj110-24?variant=42961287446575

130 https://www.facebook.com/tindhariatea/photos, https://en.lupicia.fr/produits/categorie.php?recherche=Tindharia, https://kanoriatea.com/our-teas/#tea_variant-4

131 https://www.goodricke.com/tea-garden/darjeeling/castleton, https://www.teafields.co.uk/product/castleton-tea-estate/

132 https://darjeelingteaboutique.com/darjeeling-second-flush-tea/#!/CASTLETON-MUSCATEL/p/670544495/category=2024250, https://darjeelingteaboutique.com/darjeeling-first-flush-tea/#!/CASTLETON-CH-SPECIAL/p/656928989/category=2024249

134 이주현

135 https://www.bagariagroup.com/orange-valley.html, https://chamong.com/gallery/#&gid=1&pid=11

136 https://m.facebook.com/p/Risheehat-Tea-Estate-100070630172809/, https://www.jayshreetea.com/darjeeling-risheehat-second-flush-wiry-black-tea-2024-limited-edition

137 https://chamong.com/darjeeling/, https://www.tea-and-coffee.com/darjeeling-first-flush-tea-marybong

138 https://www.heritagebungalows.com/mim-tea-garden-bungalow/, http://www.andrewyule.com/westbengal_garden.php, https://www.obchodcajem.net/darjeeling-mim-ftgfop-1-first-flush/

139 https://dbpedia.org/page/Arya_Tea_Estate, https://www.vahdam.global/blogs/news/arya-tea-estate-founded-by-buddhist-monks-still-keeps-spirituality-at-its-core, https://darjeelingteaboutique.com/darjeeling-first-flush-tea/#!/ARYA-SPRING/p/643166717/category=2024249

141 https://www.teagardenia.com/black_tea/ruby_arya, https://darjeelingconnection.com/products/mayukh-tea-arya-emerald-green-tea, https://lelow.online/product/arya-tea-garden-pearl-tea-50-grams/, https://www.vahdam.com/products/castleton-moonlight-darjeeling-

second-flush-black-tea-dj-342-2024, https://www.teagardenia.com/lizahill_moonshine?search=moonshine&description=true, https://www.teagardenia.com/singbuli_moonshine?search=moonshine&description=true

142 https://www.bagariagroup.com/orange-valley.html, https://www.teegschwendner.de/en/Darjeeling-TGFOP1-Orange-Valley-First-Flush-organic-NL/100222

143 https://chamong.com/gallery/#&gid=1&pid=7, https://chamongresorts.com/tumsong-tea-retreat/, https://www.harney.com/products/tumsong-2nd-flush-darjeeling?srsltid=AfmBOop4mkAS2WMTJLX5bu_h7COvqflToOnDUzc0V6veivx_JPR-aGeH

144 https://yappe.in/west-bengal/ghoom/pussimbing-tea-estate/857040, https://chamong.com/darjeeling/, https://in.teabox.com/products/darjeeling-pussimbing-summer-chinary-black

145 https://gingteahouse.com/photo-galleries/landscape/, https://chamong.com/darjeeling/

146 https://gingteahouse.com/photo-galleries/landscape/, https://chamong.com/darjeeling/, https://abrahamsteahouse.de/1kg-darjeeling-ging-first-flush-gfop-loser-schwarzer-tee-17-004

147 Badamtam Tea Estate, https://www.google.co.kr/search?q=Badamtam+Tea+Garden+Retreat&source#rlimm=550070207187084726, https://darjeelingteaboutique.com/darjeeling-first-flush-tea/#!/BADAMTAM-MOONLIGHT/p/656894533/category=2024249

148 https://chamong.com/darjeeling/, https://teamtea.co.uk/products/bannockburn-1st-flush-2023-darjeeling-organic?variant=43172004921495, https://www.yoshien.com/en/chai-organic-bannockburn-darjeeling-first-flush.html

149 http://barnesbeg.blogspot.com/2012/12/about-barnesbeg-tea-garden.html, https://goodricketea.in/pages/our-gardens, https://www.vahdam.com/products/barnesbeg-premium-darjeeling-first-flush-black-tea-dj-04-2024

150 Soom Tea Estate Manager, https://www.darjeelingonline.in/city-guide/list-of-tea-gardens-in-darjeeling, https://www.teasdirect.shop/products/soom-tgfop1-darjeeling-tea

151 https://www.singtomteaestate.com/, https://shop.sinas.online/en/tea/black-tea/darjeeling-black-tea/13015/darjeeling-ff-sftgfop1-steinthal-bio-single-lot-1-5-kg-chest

152 https://www.singtomteaestate.com/, https://www.edeltee.de/bio-darjeeling-singtom-first-flush-ftgfop1.html

153 Jay Shree Tea & Manufacturing Pvt. Ltd. https://www.jayshreetea.com/popular-gardens/puttabong-tea, https://www.jayshreetea.com/darjeeling-puttabong-first-flush-flowery-clonal-tea-2024

154 https://m.facebook.com/profile.php?id=319770915247027, #10_1 https://chamong.com/darjeeling/, https://www.curioustea.com/tea/archive/darjeeling-phoobsering-first-flush-2016/

155 https://darjeeling.gov.in/tourist-place/happy-valley-tea-estate/, https://in.teabox.com/products/darjeeling-happy-valley-summer-clonal-black

156 https://chamong.com/, https://www.avongrovetea.com/

157 https://www.gopaldhara.com/finest-darjeeling-tea/, https://www.gopaldhara.com/product/darjeeling-tea-rte-41-gold-wire-natural-fruity/

158 https://chamong.com/, Nagari Farm Tea Estate/, https://www.facebook.com/nagrifarmte11/photos, https://oxalis.cz/en/india-nepal/darjeeling-nagri-ftgfop1-second-flush-8595218015578-4029.htm/

159 Jay Shree Tea & Industries Ltd, https://www.jayshreetea.com/darjeeling-sungma-monsoon-flush-muscatel-black-tea-2022, https://www.jayshreetea.com/darjeeling-sungma-second-flush-muscatel-black-tea-2021

160 https://www.avongrovetea.com/, https://www.avongrovetea.com/explore, https://www.indiamart.com/proddetail/avongrove-euphoria-darjeeling-black-tea-20546580562.html?mTd=1

161 https://www.facebook.com/amulyateagarden/videos/plucking-of-banjhi-tea-leaves/1532966413430124/

162 https://glenburnfinetea.com/

163 https://glenburnfinetea.com/

164 https://glenburnfinetea.com/products/glenburn-darjeeling-first-flush-tea-2022-harvest, https://glenburnfinetea.com/products/glenburn-darjeeling-second-flush-tea?pr_prod_strat=jac&pr_rec_id=892c613d7&pr_rec_pid=7800972280038&pr_ref_pid=7800973295846&pr_seq=uniform

165 https://www.facebook.com/namringteadarjeeling/photos, https://namringte.com/, https://esahtea.com/products/namring-spring-darjeeling-honey-dew-black-tea?srsltid=AfmBOootcW_oWU50neVgvBHEwAQuMy8PIf3eVt56F-xMzlg5oMiVwblE

166 https://www.justdial.com/jdmart/Darjeeling/Lopchu-Tea-Factory/, http://lopchu.com/, https://www.tearaja.in/products/lopchu-golden-orange-pekoe-darjeeling-tea-1

167 https://www.facebook.com/Mission.Hill.Tea.Darjeeling/photos_albums, https://oxalis.cz/en/india-nepal/darjeeling-mission-hill-first-flush-ftgfop1-lot-6-8595218047876-4962.htm/?srsltid=AfmBOoqzIfmGjrNMSGnAtqCnaFP0T9c6YbEjVpISw21q8SHzzdqHoMN8

168 Tukdah Tea Estate Office, https://chamong.com/darjeeling/, https://twgtea.com/en/loose-tea/tukdah-ftgfop1_T9

169 이주현

172 Goodricke Group

173 http://assamco.com/?estates=greenwood, https://www.tea-and-coffee.com/assam-tea-greenwood-estate-tgfop

174 https://www.rosselltea.com/our-estates.html#namsang, 이주현, https://www.teabox.com/products/namsang-classic-summer-black-tea

175 http://assamco.com/?estates=nudwa, 이주현, https://www.auresa.co.uk/nudwa

176 http://assamco.com/?estates=doomur-dullung, https://400tea.net/assam-ctc-doomur-dullung-tea-garden-fekete-tea/, https://www.auresa.co.uk/assam-doomur-dullung

177 이주현, https://www.comptoir-des-thes.ch/fr/shop/the-nature/noir/assam-duflating-or-0322-gfop-cl, https://www.comptoir-des-thes.ch/fr/shop/the-nature/noir/assam-duflating-or-0522

178 이주현, https://www.teegschwendner.de/en/Assam-FTGFOP1-Dikom-Second-Flush/150-parent

179 이주현, https://www.coffeeandtealovers.co.nz/product/7938/assam-tgfop—dinjan-tea-garden/, https://steepster.com/teas/tea-culture/10769-dinjan-assam-tgfop

180 http://assamco.com/?estates=rungagora, 이주현, Siyacha Tea, https://www.ebay.ph/itm/323430743860, https://www.pineteacoffee.com.au/online-shop/new-tea/sale-tea/assam-rungagora-tgfop-tippy-1

181 http://assamco.com/?estates=maijan, https://teehaus-bachfischer.de/assam-maijan-tgfop, https://teehaus-rostock.de/shop/schwarzer-tee-assam-maijan/

182 이주현, https://www.jayshreetea.com/assam-mangalam-second-flush-golden-tips-orthodox-black-tea-2024-limited-edition, https://www.jayshreetea.com/assam-meleng-first-flush-ctc-black-tea-2023

183 https://www.goodricke.com/tea-garden/assam/amgoorie, https://goodricketea.com/products/amgoorie-special-assam-tea-pack-of-2, 이주현, Siyacha Tea/https://www.ebay.com.au/itm/224634440538

184 http://assamco.com/?estates=kondoli, 이주현, https://www.auresa.co.uk/assam-bio-kondoli,https://www.edeltee.de/bio-assam-kondoli-gfbop.html., https://larouteduthe.com/fr/assam/248-kondoli-bio-gfbop.html

185 https://glenburnfinetea.com/pages/khongea-tea-estate-assam, 이주현, https://glenburnfinetea.com/products/khongea-assam-golden-tips-tea, https://glenburnfinetea.com/products/khongea-assam-ctc-tea

186 https://wikimapia.org/36087864/Hajua-Tea-Estate#/photo/5919476, 이주현, https://www.goodtea.eu/p/assam-hajua-sftgfop1-tippy-special#770

187 https://teasandtisanes.com/products/assam-tgfop1-thanai-tea-estate-indian-loose-leaf-black-tea, https://teaacademy.hu/termek/assam-gbop-broken-thanai/

188 이주현, https://www.teabox.com/products/harmutty-summer-assam-black-tea

189 https://www.teaboard.gov.in/pdf/Circular_Factory_List_pdf4483.pdf, 이주현, https://www.tleaft.co.nz/hazelbank-ftgfop1.html, https://www.skipper24.shop/p/assam-tgfop1-hazelbank

192 Indian Tea Board, https://www.nonsuch-tea.in/

193 https://www.nonsuch-tea.in/, 이주현, https://www.teasdirect.shop/products/nonsuch-bop-nilgiri-black-tea

194 https://bbtcl.com/tea-plantation/, https://oothu.in/gallery/, https://www.harney.com/products/

black-dunsandle, https://www.victorianhouse-shop.de/en/tea/black-tea?product_id=2313

195 https://www.tafe.com/business/southern-tree-farms, 이주현, https://www.carolinaparakeet.com/teas-burnside-estate-special-op-nilgiri-black-loos.html
http://amalgamationsgroup.co.in/plantations-southern-tree-farms-ltd.html

196 https://avataatea.com/, https://www.teabox.com/en-tw/products/nilgiri-billimalai-winter-frost-black, https://in.teabox.com/products/nilgiri-billimalai-winter-frost-black?srsltid=AfmBOopE4gdD54ipIgtJFe31QbPFubZbU1tvt3Jnxmpk8OQeFeLr3nHC

197 이주현, https://www.glendaleteas.com/index.php?route=information/about, https://www.teabox.com/products/glendale-winter-frost-twirl-black, 이주현

198 https://saetea.com/welbeck-estate/, 이주현, https://www.staneswellness.com/collections/coffee-tea/products/welbeck-black-tea-carton

199 이주현, https://www.harney.com/products/chamraj-nilgiri-fop, https://www.uptontea.com/loose-leaf-nilgiri-black-tea/p/V01204/

200 이주현

201 http://thiashola.in/gallery/, 이주현, 한국티소믈리에연구원

202 https://www.tea-and-coffee.com/nilgiri-tea-thiashola-sftgfop1, https://www.osterlandsk.eu/tea/black-tea/nilgiri-tgfop1-thiasola-tea-organic

203 http://www.kairbetta.com/, 이주현, https://www.capitaltea.com/kairbetta-estate-nilgiri-frost-sftgfop1.html, https://www.capitaltea.com/kairbetta-estate-nilgiri-fop.html

204 이주현, https://www.teegschwendner.de/en/South-India-SFTGFOP-Korakundah-organic/102670, https://in.teabox.com/products/nilgiri-korakundah-winter-frost-black-tea

205 이주현, https://www.staneswellness.com/products/kotada-black-tea?srsltid=AfmBOor1gH9GDmnrSkMoEH41ASWEueCmOHpUCMd54Dofh8tw46b4DoWl

206 이주현, https://www.singleoriginteas.com/product/coonoor-tea-estate-nilgiri/17?cp=true&sa=true&sbp=true&q=false, https://oxalis.cz/en/india-nepal/nilgiri-coonoor-fop-8595218035552-35.htm/?srsltid=AfmBOooFF6XXSCv4AjlTTxD5E3ZdLk48lUa4xS2BRcxdLkQrcdKvyW3p

207 이주현, https://www.indiamart.com/proddetail/craigmore-flowery-broken-orange-pekoe-black-tea-23500877748.html?mTd=1, https://www.dantaherbs.in/products/craigmore-classic-nilgiris-winter-frost-black-tea

208 https://mathesonbosanquet.com/plantation/, 이주현, https://what-cha.com/products/india-nilgiri-winter-frost-black-tea

209 이주현, https://havukal.com/products/gold-rush, https://havukal.com/products/havukal-frost-tea-1

212 https://en.wikipedia.org/wiki/Temi_Tea_Garden#/media/File:Cherry_Resort_inside_Temi_Tea_Garden,_Namchi,_Sikkim.jpg, 이주현,

213 이주현

214 https://www.teabox.com/products/temi-summer-muscatel-black-tea, https://www.tearaja.in/products/temi-special-organic-black-tea, https://burmancoffee.com/product/product-archive/sikim-bop/, https://www.facebook.com/bermioktea/, https://www.temiguesthouse.com/rooms-tariff/

215 https://www.facebook.com/bermioktea/photos, https://www.teacupsfull.in/products/bermoik-organic-sikkim-black-tea?srsltid=AfmBOorum44H8I2UeaM8KABFi552s2iP1oM30htfl5vMtov6dkgbW60q212

온라인 한국티소믈리에연구원

온라인 **티 전문 교육** 사이트!

teaonline.kr

온라인 '티소믈리에·티블렌딩·티베리에이션 전문가' 자격증 교육 사이트 teaonline.kr!

국내 최초 티(Tea) 전문 교육 연구 기관인
한국티소믈리에연구원(원장 정승호)에서 시간과 장소의 제약 없이
티 전문 자격증 교육을 받을 수 있는
'온라인 한국티소믈리에연구원(teaonline.kr)'.

- **티블렌딩 전문가 자격증 과정**
- **티소믈리에 자격증 과정**
- **티베리에이션 전문가 자격증 과정**
- **원데이 클래스 등**

온라인 한국티소믈리에연구원 교육의 장점!

- 사단법인 한국티협회, 한국티소믈리에연구원이 공동 주관해 한국직업능력개발원에 정식 등록된 국내 최다 배출 티 전문 민간자격증으로 각종 취업, 창업 등에 활용 가능!
- 시간과 장소에 구애를 받지 않고 '국내외'에서 '편리한 시간대'에 PC와 모바일 등 다양한 기기로 교육 이수 가능!
- 온라인 과정 수료 후 별도의 자격시험을 거쳐
- '티소믈리에 2급, 1급', '티블렌딩 전문가 2급, 1급', '티베리에이션 전문가 2급, 1급'의 자격증 취득 가능!

※ 한편, 온라인 티소믈리에, 티블렌딩 전문가, 티베리에이션 전문가 자격증 과정에 대한 자세한 정보는 홈페이지(teaonline.kr 또는 www.teasommelier.kr)를 통해 확인할 수 있다.

홍차언니!
홍차를 부탁해 1
홍차의 정석 : 인도편

2025년 5월 13일 초판 1쇄 발행

저　　자 | 이주현 (홍차 언니)
펴 낸 곳 | 한국티소믈리에연구원
출판신고 | 2012년 8월 8일 제2012-000270호
주　　소 | 서울시 성동구 아차산로 17 서울숲 L타워 1204호
전　　화 | 02)3446-7676
팩　　스 | 02)3446-7686
이 메 일 | info@teasommelier.kr
웹사이트 | www.teasommelier.kr
펴 낸 이 | 정승호
출판팀장 | 구성엽
인　　쇄 | ㈜현대문예

ISBN 979-11-85926-89-6
값 27,000원